統計科学のフロンティア 2

統計学の基礎 II

統計科学のフロンティア 2

甘利俊一　竹内啓　竹村彰通　伊庭幸人 編

統計学の基礎 II
統計学の基礎概念を見直す

竹内啓　広津千尋
公文雅之　甘利俊一

岩波書店

編集にあたって
統計的推測の理論を多角的に展望する

　数理統計学の中心的部分は，統計的推測理論とそのための標本分布論からなっている．それは1950年代にほぼ完成されたものであり，その後半世紀の間に日本語でも，英語やその他の言語でも，いろいろなレベルの数多くの教科書が出版されている．その内容はほとんど標準化されているので，改めてこのシリーズの中で取り上げる必要はないであろう．

　しかし具体的に現実の統計データを扱う場合においては，必ずしもそのような標準的な教科書に展開されている方法だけでは十分でない場合も少なくない．それは必ずしも問題が複雑，あるいは困難であるので，これまで数学的に解かれていなかったためではない．もし問題の解法の論理が，標準的な場合と基本的に同じものであるならば，計算手段の発達した現在では，かりに解析的に解が得られなくても，数値的に解を求めることは困難ではない．例えば最尤法によって推定値を求めればよいことがわかっている場合であれば，数値的にそれを求めることは容易である．

　数理統計学の基礎的な理論が作られた1920〜50年代には，まだ計算機は全く未発達であったから，統計的手段の開発に当たって，理論的な最適性とともに，計算の容易さということも基準となった．また計算のための均似法や簡便法も提案された．その場合，理論上の本質的な困難さと，計算上の困難とが混同されてしまう場合も少なくなかった．現在では計算上の困難は上にのべたようにほとんど問題とならないが，しかし現実の問題において計算上の困難を理論上の本質的な難点との区別が十分認識されないままになっている場合も少なくない．とくにSASなどの中には極めて複雑な手法のプログラムもパッケージ化されているから，それを現実のデータに当てはめてみることは容易である．しかしその結果が直観的，あるいは理論的に妥当なものでなかったり，あるいは解が収束しなかったりする場合，どこに問題があるのかを知るためには，その方法の背後にある理論についての正確な理解が必要である．

例えば尤度関数の局所最大値が複数存在する場合，普通に用いられる繰り返し計算法では，出発点によって得られる解が異なったり，あるいは発散して解が得られなかったりすることがある．このような場合に，大局的な最大値を求めるアルゴリズムを開発することも考えられるが，むしろモデルの適切性，最尤法の最適性を疑う必要がある．尤度関数の大局的な最大値に対応する解が，よい推定値を与えることは保証されないかもしれないのである．モデルを変えて計算してみることも必要である．このような問題については，このシリーズの巻でいろいろな形でふれられるはずである．

より本質的な問題は，統計的推測は，統計データの利用の一つの段階にすぎないということである．統計データの利用は，現実の対象の中からデータを獲得し，それを分析して現実の行動に結びつけるまでの全過程をふくんでいる．統計的推測はその中でデータの構造に一定のモデルをあてはめ，それにもとづいて一定の形式の判断を下すものである．その場合モデルはあくまで一つの過程であり，現実の構造の単純化，理想化にとどまるものである（たとえノンパラメトリック法のようなものであっても，データの独立性，分布の同一性等は仮定されねばならない）．したがってまた統計的推測の結論も，本来はモデルの世界の中にのみ適用されるものであり，それを現実の世界に応用するところには，実は一つの飛躍が必要になる．その際推定や検定などという統計的推測の形式は，そのままで意味を持たないことも少なくない．

現在の統計的推測理論は，Karl Pearson, R. A. Fisher, J. Neyman, その他の人々によって，生物統計，農業試験，工業における品質管理などの現場におけるデータのありかたと分析の目的を前提として，その論理を抽象化して作り上げられたものである．それは抽象的な数学論理としては，他の場にも適用できるし，またいろいろな場に適用されてきたのであった．

しかしながら統計的データの利用の場が拡大されると，現実のデータの構造やその利用の目的も様々に変化してきた．それに応じてまた異なるタイプのモデルや推論の形式が必要とされるようになる．

他方より抽象的には，極めて一般的な応用の品を背後に想定して，推定された統計的モデルの構造が何を表しているかを示すような理論も要求さ

れるようになった．データが持っている母数に関する情報の大きさを表す「情報量」の概念，あるいはそれにもとづいて構成される「情報幾何」の理論はその一つの例であり，そこでは微分幾何の理論が応用されている．

　統計的方法の応用範囲が拡がるにつれて，推測の形式を適用することが実際に何を意味するかを改めて再検討する必要が生まれている．仮説検定の結果，例えば想定された仮説が棄てられた場合，それは現実に何を意味するであろうか．例えば k 個の処理法の効果に差があるかどうかを，k 個の母集団の母数 $\theta_1,\ldots,\theta_k$ がすべて等しい；$\theta_1 = \cdots = \theta_k$ という仮説を検定するという形でチェックした場合，この仮説が棄てられるということは，k 個の処理法のすべてが同じ効果を持つとはいえないことがわかったことを意味する．しかし現実の応用の場においては，それだけではあまり意味をなさないであろう．k 個の中でどれとどれが優れているのか，すなわち $\theta_1,\ldots,\theta_k$ の中でどれとどれが他より大きいといえるのかがわからなければ，このような解析の結果を応用することはできないであろう．このような問題は多重比較と呼ばれるが，それについては第II部でくわしく論ぜられる．この問題は母数の可能な範囲が不等式条件によって予め制限されている場合の推測問題と密接な関係があり，それについてもいろいろな結果が得られている．

　この巻の第I部では，改めて統計的データの利用に関わる問題を，データを獲得することから，その解析，結果の応用までに至る全過程に関して概観する．またその中で比較的未開拓な，あるいは研究が進んでいてもその効果があまり知られていないいくつかの問題について説明する．

　第III部は統計的推測問題の数学的構造を微分幾何学の概念を用いて明らかにする．この分野は甘利俊一氏がその開発に中心的な役割を果たされたのであり，公文氏は甘利氏とともにいくつかの問題についてその発展に貢献された．それは統計的推測理論，とくに高次の漸近理論に統一的な展望を与えるものである．

　この巻は，ある意味で統計的推測の理論というものをいろいろな方向から展望したものと理解して頂きたい．

（竹内啓）

目 次

編集にあたって

第Ⅰ部　統計学的な考え方　　　　　　　　　竹内啓　　1
　　　　——デザイン・推測・意思決定——

第Ⅱ部　多重比較法と多重決定方式　　　　　広津千尋　55

第Ⅲ部　推定と検定への幾何学的アプローチ

　　　　　　　　　　　　　　　　　　　　　公文雅之　113

補　論　統計学の拡がりと情報幾何　　　　　甘利俊一　213
　　　　——外野から見た統計科学——

索　引　231

I
統計学的な考え方
デザイン・推測・意思決定

竹内啓

目　次
1　統計的データの源泉　3
　　1.1　統計的データの源泉　3
　　1.2　観　測　6
　　1.3　調　査　9
　　1.4　実　験　17
2　統計的推測　22
　　2.1　推測の目的　22
　　2.2　無限母集団の意味　25
　　2.3　非負母数の区間推定　29
3　統計的予測の方法　33
　　3.1　統計的予測の論理　33
　　3.2　予測区間の構成法　35
4　逐次選択実験問題　44
　　4.1　応用の場の中での実験　44

1 統計的データの源泉

1.1 統計的データの源泉

　統計分析，したがって統計的解析方法の対象となるのは，何らかの方法によって，何らかの対象について得られた数字データである．統計的方法を適切に適用するには，対象と，そこからデータを得る過程の性質をよく理解することが必要である．

　データを得る方法には，大別して，記録，観測あるいは観察，調査，実施の4種類がある．

　記録とは，本来データを得ることを目的とせず，何らかの他の目的で作られたもので，実はデータとして利用できるものをいう．現在では多くの官庁や企業，その他の組織の中に多量の業務上の記録が残されており，その中には統計データとして利用できる情報が多くふくまれている．その中の一部のものは，例えば出生，死亡の届出書類の記録から作成される人の動態統計のように，統計作成のために利用されているが，しかしそのほかにもデータ作成のために利用できる記録は大量に存在する．

　最近これらの記録が電子化されて保存されるようになって，それをデータとして利用することが技術的に容易になった．そこでこのような大量の記録の中から，統計的な情報を取り出すための統計的データの掘り起こし(statistical data mining)の方法が話題になっている．

　記録の利用は最近のものに限られない．歴史的に残された古い史料の中にもその時代の社会の状況を表わすデータとして利用できるものがある．20世紀の後半になって，古い史料から統計的情報を取り出して，その時代の社会の状況を把握しようとする歴史人口統計学(historical demography)が西ヨーロッパおよび日本で大きく発展した．

　実際，文明が発達し国家制度が整備されると，国家は徴兵や徴税のため

に戸籍や土地台帳を作成した．これらの記録は当時の国家，社会の実状を表わす極めて重要な統計的情報をふくんでいる．このような情報を集めることは古代から行なわれた．現在でも用いられているセンサスということばは古代ローマ帝国で行なわれた人口調査に由来している．また中国ではおそくとも前漢の時代から戸籍にもとづく人口統計が作られていた．日本でも7世紀頃から全国的に戸籍が作られていた．またヨーロッパでは中世以後教会には出生，死亡，結婚などの記録が残されたし，日本でも江戸時代には宗門改帳が寺院にあって，一人一人の出生，結婚，移動，死亡などの記録が残された．

しかし残念ながらこのような古い時代の記録は断片的にしか残されていない．そこでそれらの断片的といってもかなり大量の史料からその時代の人口の状況を推定するには，多くの手間と苦心が必要であるが，最近では一部コンピュータも利用して，このような記録を対象とした研究が進展している．そもそも現在統計学上の古典とされる17世紀に出版されたグラントの『ロンドン死亡表の観察』や，18世紀に刊行されたズュースミルヒの『神の秩序』などはまだ統計的調査というものが行なわれなかった時代に，同時代のこのような資料にもとづいて行なわれた研究の成果であった．

このような資料については，厳密な数学的モデルを想定して数理的な処理を行なうには，データが断片的であり，またいろいろな条件が不明確でありすぎる場合が少なくない．しかし一部は大胆な推量によって得られた結果は，それでも極めて有益な結論を与えることは少なくない．そのことは上記のグラントやズュースミルヒあるいはウイリアム・ペティなどの統計学上の古典が示しているのみならず，最近の歴史統計学の成果は，例えば一国の人口の大まかな変遷を示すことによって，文章だけで書かれた歴史書からは明らかにならないその国の盛衰を明確に跡づけることを可能にしているのである．

現在においては，数量的記録そのものは膨大に存在している．その中には極めて大量の統計的情報がふくまれている．しかしそれが実際に統計的に利用されることはむしろ少ないといわねばならない．情報技術の発達により，このような情報の利用を可能にする技術的手段が与えられるように

なっていることを考えれば，そこには多くの価値あるデータがまだ未開発に残されていると考えねばならない．

しかしその利用についてはいくつか留意すべき点がある．

第一にこれらの記録は，本来それぞれに特定の目的で取られたものであるから，それを本来の目的とは別の形で情報を得るために用いることには問題もあることが少なくない．すなわち個人のプライバシー，企業の営業上の秘密などがふくまれるものについては，その取り扱いに十分な注意が必要である．例えば医師が患者の状態を記録したカルテから得られる情報を利用するには，プライバシー保護が極めて重要である．このような場合にはプライバシーを損なわないような形での情報利用を考えなければならない．

またこのような記録はそれをただ集めただけでは統計的データにはならないことにも注意する必要がある．多くの場合数字が大量にありすぎて，それをただ集めて簡単な集計を行なっただけでは，その意味がわからないことが少なくない．適切な判断によってデータを分類したり，加工したり，あるいはデータを選び出したりすることによって，始めて有益な情報が得られることが少なくない．古典的ないわゆる記述統計学は，比較的単純な構造を持つ大量のデータを処理する方法を確立した．これに対して R. A. Fisher 以後の推測統計学は，比較的少数のデータを精確に処理する方法を発展させたことはよく知られている通りである．しかしここで求められているのは，複雑で多面的な構造を持つ，極めて大量のデータを利用する方法である．そこに求められるのは新しいタイプの記述統計学であるといってもよい．そこで利用できるのは多変量解析法や時系列，あるいは空間データの解析法であり，それらについていろいろな手法が開発されているが，まだその体系的な理論化はなされていないといわねばならない．それはまた今後の課題である．

記録をデータとして利用する場合に生ずる問題は，それが本来統計的情報を得る目的で作られたものでないために，統計データとしては欠陥があることも少ないことである．例えば記録が関心となる対象の一部についてしか取られていないことがある．届出にもとづく行政記録の場合，すべて

の場合について届出がなされていなければ，情報の一部の対象についてしか得られないで，そこから得られる統計は偏ったものになる可能性がある．例えば明治時代の出生死亡統計においては，生後間もなく死亡した嬰児については，出生も死亡も届出されない場合が少なくなかったので，乳児死亡率は過少に表わされている．

　また概念上の定義が厳密でなかったり，また多くの機関が同じ記録を作っている場合，機関によってその基準が一様でなかったりすることもある．またある種の記録には，いろいろな理由によって内容が歪められたり，あるいは極端な場合には虚偽の記録がされたりすることも稀ではない．例えば自殺が忌避されることが強い国では，自殺による死亡は偽って報告されることが少なくないので，自殺率は過少に表われる傾向がある．また税務上の所得申告などは，当然のことながら過少になりがちであるが，直接税金と関係ない場合でも所得の申告は過少になる傾向がある．記録にもとづく統計データについては，このような点は十分注意する必要がある．

　またある種の記録，とくに行政上の記録や企業の経営上の記録などは，絶えず蓄積され続けている．そのような記録にふくまれるデータはふつう年度末などに集計，作表されることが多いが，しかしそのような"生きた"情報はなるべく早く適切に利用することが望ましい．とくに経営上の記録などは，状況の変化をすばやく捉えて，経営管理，経営戦略に有効に利用することが大切である．そのためには大量のデータから比較的少数の，わかりやすい適切な指標を作り出す必要がある．このような指標を作成する方法は，それぞれの場合に即して考えなければならない．

1.2　観　測

　データを得る第二の方法は観察，あるいは観測と呼ばれるものである．それは観測される対象にたいして直接働きかけることでなく，データを得ることを目的として観察，測定などを行なうことを意味する．天文観測，気象観測などはその例である．

　これらの観測には，本来データの統計的分析以外の目的で行なわれるも

のがある．例えば天文観測は古くから暦を作成するために行なわれ，そこから天体の運行に関する知識が蓄積されてきた．また気象観測は本来船舶の運航を安全にするために行なわれるようになったが，現在ではそれにもとづく気象予報が日常的に利用されていることはいうまでもない．

　このような観測の結果は，前記の記録データに近い性質を持っているともいえる．それでそのようなデータは直接的な目的に利用される以外，必ずしも統計的データとして利用されてこなかったし，また統計的分析に適するような形で記録，保存されているとは限らない．例えば気象データについては，少なくとも明治末以来，日本各地百ヶ所以上に上る測候所の毎日，場合によっては毎時の観測データが記録されてきた．しかしそのようなデータは，観測が自動化され，コンピュータ化される以前のものについては，必ずしもデータとして十分整理され，利用されやすい形にはなっていない．これまでそのようなデータが分析され，利用されることはあまり多くなかったようである．

　しかし地球温暖化が問題化されるようになると，長期的な気候変動が注目されるようになった．地球温暖化による気候変動については，もっぱらコンピュータシミュレーションによる予測にもとづいて議論が行なわれているが，しかしシミュレーションの信頼性には限界がある．むしろこれまでに世界の気候にどのような変化が見られるかについて，各地域ごとに詳細な分析を行なう必要がある．よくいわれるように温暖化がすでに進行しているとすれば，「過去100年間に世界の平均気温が0.5℃上昇した」というような極めて大まかなことをいうのではなく，世界各地の気温はどのような傾向的，周期的，あるいは不規則な変動が見られるかを，季節ごとに分析し，それによって気候変動の構造を明らかにする必要がある．過去の地球上の気温には，極めて長期から数十年にいたるいろいろな周期の，まだ原因のよくわからない自然的な変動があり，また地域間の温度差の構造，季節の変化も変動するので，過去の気温変化のどれだけが CO_2 排出量の増加による CO_2 濃度上昇によって生じた，いわゆる「人為的」なものであるかは，厳密に比較可能な地域ごとの観測データを詳細に分析することによって，初めて明らかにされるであろう．このような分析においては，い

ろいろな時系列分析の方法などが利用できるであろう．

　ただしこのようなデータの分析においてはふつうの定常時系列の解析法，例えばスペクトル解析の方法は，それだけでは有効な結果を与えないであろう．長期にわたるデータについては，定常性が必ずしも保証できないからであり，また人為的原因による温暖化を考えるとすれば，まさに定常な状態からの乖離が問題になるからである．むしろ時系列データから傾向的変化，周期的変動，季節変動，不規則変動の4つの成分を分離するある意味では「記述統計的な」方法が必要とされるであろう．

　観測データの中には，実験室やあるいは観測所，天文台などの科学的な目的のための施設や装置を用いて行なわれるものもある．その場合には観察が対象とされる試料や，観測や分析の装置は，データに偏りを与えるような変動が加わらないように科学的に精密に管理される．しかしそれでも，データに偶然的な変動が入ることは避けられないので，そのような変動は観測誤差，あるいは実験誤差として扱われる．天文観測における観測誤差をふくむデータから「真の値」を推定する方法として F. Gauss は最小二乗法を開発したのである．

　しかし母数が正の値であることがわかっている場合，あるいはいくつかの母数の間に非線形の関係が成立することが要求される場合などについては，それぞれ特別の処理が必要になる．

　また観測や分析に際して重要な問題は「目盛りの調整」(calibration)である．測定の機器や，あるいは測定所などには，それぞれ固有の微妙なくせがあることが少なくない．そこで値の知られている標準的な試料を用いて「目盛りを合わせる」ことが行なわれる．その場合にも観測には偶然的な誤差がふくまれることを前提にして統計的処理を行なわなければならない．しかし異なる測定者，あるいは異なる実験施設などが行なった観測については，このような調整は行なわれていないことが少なくない．そのような場合には，異なる場所で得られたデータを比較し，あるいは総合して利用するときに十分な注意が必要である．とくに長い時期にわたって観測が行なわれている場合には，その間に観測の精度や偏りが変化してしまうかもしれない．

1.3 調　　査

　データの第三の種類は調査(Survey)によって得られるものである．Surveyには統計調査と統計的でない調査がある．統計調査においては，一定の調査集団を定め，それについて一定の方式によってデータを集め，結果は数量的に表現される．対象となる集団全体について調査する場合は，全数調査と呼ばれるが，そうでない場合でも，調査される対象は何らかの意味で全体を代表すると見なすことができなければならない．調査する対象を選び出すのには，対象についての何らかの情報にもとづく判断によって選ぶ有意抽出と，乱数表などの偶然的なメカニズムを用いて選ぶ無作為抽出の方法とがある．無作為抽出によって選ばれた対象は無作為標本あるいは確率標本またはランダム・サンプルと呼ばれる．1930年代にJ. Neymanが無作為抽出法を提唱して以来，その方法はいろいろな統計調査において広く用いられるようになった．多くの官庁統計においては，以前は全数調査でなければ有意抽出法によっていたが，その後，とくに第2次大戦後はほとんど無作為抽出法だけが使われるようになった．

　無作為抽出法の利点として次のことがあげられる．

1. すべての対象がえらばれる確率を一率にすることによって，すべての対象が等しく選ばれる機会があり，標本が一定の方向に偏る危険性がない．これに対して，有意抽出の場合は判断が正しくないと，一定の方向に偏ってしまう危険性がある．
2. 標本が大きくなれば，集団全体の特性(平均・比率等)がほぼ正確に推定できる．
3. 標本からの推定値は，誤差をともなうが，その誤差の大きさを推定することができる．

これに対して有意抽出の場合には誤差を推定する方法がない．そうして無作為抽出によって得られた確率標本については，確率モデルにもとづいた統計的推測の方法を適用することができる．

　このような点は，数理統計学の教科書，とくに標本調査法を扱った教科書

に詳しく書かれていることであるので，ここではこれ以上述べないが，しかし無作為抽出の方法を，「科学的」なものとして，それだけが正しい方法であると考えるのは危険である．現実の調査の中では次のようないろいろな問題点が生ずる．

　第一に無作為標本が「建前」どおりに得られないことが少なくない．無作為標本を選ぶには，まず対象となる集団全体の名簿を作らなければならない．対象となる集団はふつう母集団といわれ，その名簿は母集団枠と呼ばれる．しかし完全な母集団枠を作成することは実は容易ではない．多くの場合，国勢調査や事業所統計調査など，大規模な全数調査で最も近く行なわれたものから得られる名簿が用いられるが，そのような調査そのものも必ずしも完全ではないし，そのような調査が行なわれた後に起こった出入りの変動を把握することは困難である場合が多い．次に母集団枠を作り，そこから乱数表などを用いて，標本を抽出したとしても，そのすべてから必要な情報が得られるとは限らない．質問に対する答えが得られなかったり，回答を拒否されたりすることも決して少なくない．多くの標本調査，とくに郵送による調査では，回答率が 30% 程度にとどまることも少なくない．その場合回答しなかった人々の集団と回答した人々の集団とが同じ構造を持つとは限らないだけでなく，むしろ異質の集団であるとみなさなければならない場合も多いから，30% 程度の回答率の場合，そのような標本から全集団の状況を推定することには無理がある．またこの場合標本誤差の推定なども不可能であることはいうまでもない．しかし回答率があまり良くない調査がすべて役に立たないというわけでもない．それは

1. 意見調査などの場合には，明確な意見を持っている人が回答を出すのに対して，意見を持たない人，関心のない人は回答しないであろうから，回答した人々の間だけでどのような意見を持つ人が多いかを調べることは十分意味がある
2. 得られた標本が偏っていても，その中での例えば男女，年齢階層等に分けたグループごとの比率や平均がわかれば，それを全体の集団における各グループの占める比率に応じて加重平均することによって全体の平均が推定できる

3. 同じような調査を何回か続けて行なう場合には，回答する人々の集団はほぼ変わらないと考えれば，毎回の調査結果を比較して，時間的変化を見ることができる

からである．ただいずれにしても形式的な誤差の推定などはできないことに注意すべきである．

　無回答の扱いは困難な問題であって，いろいろな議論が行なわれているが，しかしそれを扱うための一般的形式的な方法は存在しないといわねばならない．

　第二に標本調査法の場合でも，まったく一率な確率で対象を選ぶ単純無作為法は，多くの場合効率が悪く，重要と思われる対象を高い比率で選ぶ層化抽出法や，確率比例抽出法が用いられることが多い．しかしそのような方法によって効率よい推定が行なわれるためには，対象についての事前の情報が正確でなければならない．あまり複雑な抽出法を採用すると，抽出方式の決定について，主観的に判断の入る部分が大きくなるし，また標本誤差の推定が困難になる．

　またこのような事前情報の利用として，事前に各対象について知られている値をいわゆる補助変量として用いて，比推定，回帰推定等の方式によって，単純に標本の値だけを用いる推定値よりも，誤差が小さい推定量が得られることも多い．

　実は標本調査に関する統計的理論，より正確にいえば，有限母集団からの確率標本からの統計的推定の理論には，理論的には以前から知られているが，広く理解されていない奇妙な側面がある．その理論は次のように定式化される．

　有限母集団とは N 個の対象からなる集団であって，それぞれが特性値 $\xi_1, \xi_2, \cdots, \xi_N$ を持つとする（ξ はどのような集合の要素であってもよいが，ここでは実数としておく）．これらの値は未知であるとする．

　これから何らかの確率的メカニズムによって n 個の対象を標本として選び，その特性値を観測する．標本観測値を $X_1, X_2, \cdots, X_n$ とする．標本に選ばれた対象の母集団での番号を $i_1, i_2, \cdots, i_n$ とし，観測誤差はないものとすれば，

$$X_1 = \xi_{i_1}, \cdots, X_n = \xi_{i_n}$$

となる．対象から選ばれる確率を定めるものが抽出方式であって，それは

$$P\{\hat{i}_1 = i_1, \cdots, \hat{i}_1 = i_1\} = p(i_1, \cdots, i_n)$$

によって与えられる．この値は $\xi_1, \xi_2, \cdots, \xi_n$ に無関係に予め与えられていると仮定する．ただしここで n が一定とは限らないこと，$i_1, i_2, \cdots, i_n$ の順序も考慮することとする．これは標本抽出の方法を最も一般的な形で表わしている．

ここで母集団にふくまれる対象についてその特性値は未知であるが，その番号は区別されることが基本的な前提となっていることに注意しよう．このような設定のもとで，いま $p(i)$ を標本に第 i 番目の対象がふくまれる確率，第 j 番目の標本対象の母集団での番号を I_j と表わすと，母集団平均

$$\bar{\xi} = \frac{1}{N}\sum \xi_i$$

の推定量

$$\hat{\bar{\xi}} = \frac{1}{N}\sum_{j=1}^{n}\frac{1}{p(I_j)}X_j$$

が不偏になることはすぐわかる．もし確率が一様(単純無作為抽出)ならば，

$$p(I_j) = \frac{n}{N}$$

だから

$$\hat{\bar{\xi}} = \sum \frac{X_j}{n} = \bar{X}$$

となる．これはごく自然であるが，しかしこの背後には次のようなやや奇妙なことがある．いま母集団の第 i 番目の対象の特性値 ξ_i を推定したいと考えよう．そうすると標本の中にその対象がふくまれればその値は知ることができるが，ふくまれなければ推定できないと考えるのが自然であろう．しかし

$$\hat{\xi}_i = \begin{cases} \dfrac{\xi_i}{p_i(\xi)} & (\text{第 } i \text{ 対象が標本にふくまれるとき}) \\ 0 & (\text{そうでないとき}) \end{cases}$$

と定義すれば，
$$E(\hat{\xi}_i) = \xi_i$$
となることはすぐわかる．すなわち $\hat{\xi}_i$ は ξ_i の不偏推定量である(！)これはすべての ξ_i について計算できるから，大きさ n の標本から母集団の N 個の値のすべてについての特性値を求めることができる(！？)もちろんこれはかなり奇妙な推定量である．しかし上記の $\hat{\bar{\xi}}$ は
$$\hat{\bar{\xi}} = \frac{1}{N}\sum \hat{\xi}_i$$
という形に表現できることを考えれば，実はそれはそれほど不自然なものではない．のみならず母集団の値 $\xi_1, \xi_2, \cdots, \xi_N$ の関数として表わされるようなすべての母数は，もし不偏推定量が存在するならば，基本的にこのような形から導かれることが証明されているのである．例えば母分散
$$\sigma_\xi^2 = \frac{1}{N-1}\sum (\xi_i - \bar{\xi})^2$$
については，これを
$$\sigma_\xi^2 = \frac{1}{N(N-1)}\sum\sum_{i<j}(\xi_i - \xi_j)^2$$
と表わすことができるから，$p(i,j)$ を第 i，第 j 番目の対象がともに標本にふくまれる確率とし，
$$\widehat{(\xi_i - \xi_j)^2} = \begin{cases} \dfrac{1}{p(i,j)}(\xi_i - \xi_j)^2 & \begin{pmatrix}\text{第 }i,j\text{ 番目の対象がとも}\\ \text{に標本にふくまれるとき}\end{pmatrix} \\ 0 & (\text{そうでないとき}) \end{cases}$$
とすれば，
$$E(\widehat{\xi_i - \xi_j})^2 = (\xi_i - \xi_j)^2$$
となるから，
$$\hat{\sigma_\xi}^2 = \frac{1}{N(N-1)}\sum\sum_{i<j}(\widehat{\xi_i - \xi_j})^2$$
とすれば，$\hat{\sigma_\xi}^2$ の不偏推定量が得られる．より具体的には
$$\hat{\sigma_\xi}^2 = \frac{1}{N(N-1)}\sum\sum_{h<k}\frac{1}{p(I_h, I_k)}(X_h - X_k)^2$$

となる．単純無作為抽出の場合には，

$$p(I_h, I_k) = \frac{n(n-1)}{N(N-1)}$$

だから，

$$\hat{\sigma_\xi}^2 = \frac{1}{n(n-1)} \sum \sum_{h<k} (X_h - X_k)^2$$
$$= \frac{1}{n-1} \sum (X_h - \bar{X})^2$$

となって，通常の方式に一致する．

ところで $\hat{\xi_i}$ の形をよく見ると，実はそれは対象が観測されなかったときにはその値を 0 と見なし，観測された場合には偏りを無くすために実際の値を $1/p(i)$ 倍するという形になっている．そこで実は事前に ξ_i について，それと近いと思われる値 a_i が与えられているとすれば，ξ_i のもう一つの不偏推定量を

$$\hat{\xi}_{a_i} = \begin{cases} \dfrac{1}{p(i)}(\xi_i - a_i) + a_i & (第 i 番目の対象が観測されたとき) \\ a_i & (そうでないとき) \end{cases}$$

という形で構成することができる．そこでもしすべての対象についてこのような値 a_i が与えられるならば

$$\hat{\bar{\xi}}_a = \frac{1}{N} \sum_i \hat{\xi}_{a_i}$$
$$= \frac{1}{N} \sum_i \frac{1}{p(I_j)} (X_j - a_{I_j}) + \bar{a} \quad \text{ただし } \bar{a} = \frac{1}{N} \sum a_i$$

という形で頼もしい推定量が得られる．この推定量はもし a_i が ξ_i に近ければ，単純な推定量 $\bar{\xi}$ より誤差が小さくなるであろう．これは「差推定量」と呼ばれるものである．ここでどのように a_i を想定しても $\hat{\xi}_a$ は不偏推定量になり，またその分散も推定できる．そうしてもし事前の想定が完全に正確である $a_i = \xi_i$ ならば，明らかに $V(\hat{\xi}_a) = 0$ となる．したがって一般に不偏推定量の中で一様に分散が最小となるものは存在しない．

現実にしばしば用いられるのは，比推定量あるいは回帰推定量と呼ばれ

るものである．すなわち各単位について補助量と呼ばれる値 a_i が知られているとして，ξ_i/a_i がほぼ一定値 γ に等しいと考えられるならば，
$$\hat{\bar{\xi}} = \hat{\gamma}\bar{a} \quad (\hat{\gamma}\text{ は，}\gamma\text{ の推定値})$$
と推定できるであろう．そこで標本にふくまれる単位についての a_i の値の平均を
$$\bar{A} = \frac{1}{n}\sum_{j=1}^{n} a_{I(j)}$$
として，$\hat{\gamma} = \bar{X}/\bar{A}$ として，$\hat{\bar{\xi}} = \hat{\gamma}\bar{a}$ とするのがふつうである．しかしこれは不偏推定量にはならない．これに対して
$$\bar{R} = \frac{1}{n}\sum \frac{X_j}{a_{I(j)}}$$
とし，
$$\bar{\xi} = \bar{R}\bar{a} + \frac{n(N-1)}{N(n-1)}(\bar{X} - \bar{R}\bar{A})$$
としたものは，不偏になることが示される．

また ξ_i がほぼ $ba_i + c$ に等しくなると考えられるとき，
$$\hat{c} = \bar{X} - \hat{b}\bar{A}$$
$$\hat{b} = \frac{\sum(a_{I(j)} - \bar{A})(X_j - \bar{X})}{\sum(a_{I(j)} - \bar{A})^2}$$
として，$\hat{\bar{\xi}} = \hat{b}\bar{a} + \hat{c}$ とすれば，ふつうの回帰推定量が得られるが，これは不偏ではない．不偏回帰推定量と呼ばれるものは次のような形で構成できる．任意の $j < k < n$ に対して
$$X_j = \hat{b}a_{I(j)} + \hat{c}$$
$$X_\kappa = \hat{b}a_{I(k)} + \hat{c}$$
を満たす $\hat{b}, \hat{c}$ を $\hat{b}(j,k), \hat{c}(j,k)$ と表わし，
$$\bar{B} = \frac{2}{n(n-1)}\sum_{j<k} \hat{b}(j,k)$$
$$\bar{C} = \frac{2}{n(n-1)}\sum_{j<k} \hat{c}(j,k)$$

として
$$\hat{\xi} = \bar{B}\bar{a} + \bar{C} + \frac{n(N-2)}{N(n-2)}(\bar{X} - \bar{B}\bar{A} - \bar{C})$$
とすればよい．

　現実には不偏比推定，不偏回帰推定はあまり用いられないが，それは $\bar{R}$, あるいは $\bar{B}, \bar{C}$ は γ, あるいは $\hat{b}, \hat{c}$ より分散が大きいので，これらの推定量はふつうの偏りのある推定量より分散が，したがってまた誤差が大きくなると考えられるからである．そこでもう少し手のこんだ，分散があまり大きくならない不偏比推定量，不偏回帰推定量も考えられているが，ここでは省略する．

　指摘しておきたいのは，現実にはこのような補助変量の選び方にはいろいろあり，それについては対象に対する経験的知識や判断に依存することになることである．したがって異なる人は異なる推定方式を採用することになることもあり得るのであって，推定方式はまったく「客観的」とはいえないであろう．

　そもそも無作為標本にもとづく標本調査方式が優れているとされる点は，対象について何らかの構造モデルを想定することなく，純粋に外部から確率的メカニズムを導入することによって「客観的」に不偏な推定量と，その分散の推定量を求めることができるという点にあった．したがって複雑な抽出方式と，比推定や回帰推定，あるいはより高度な推定方式を組み合わせるような方式が行なわれるとすれば，実は上記のような意味での「客観性」は疑わしくなる．

　しかし対象について何らかの構造を想定するとすれば，もはや無作為抽出の意義は少なくなる．

　例えば対象の特性値 ξ_i と，補助変量 a_i との間に
$$\xi_i = \alpha + \beta a_i + u_i$$
という関係が成立し，$u_1, u_2, \cdots, u_n$ が互いに独立に平均 0, 分散 σ^2 の確率分布に従うと仮定されるならば，α, β については普通の最小 2 乗推定量 $\hat{\alpha}, \hat{\beta}$ を求め，
$$\bar{\xi} = \alpha + \beta\bar{a} + \bar{u}$$

の推定量としては
$$\hat{\bar{\xi}} = \hat{\alpha} + \hat{\beta}\bar{a}$$
とすればよいことは明らかである．その時
$$V(\bar{\xi}) = \left(\frac{1}{n} + E\big(V(\hat{\beta})(\bar{A}-\bar{a})^2\big)\right)\sigma^2$$
となるので，$\bar{A}=\bar{a}$ となるように，標本を選ぶのがよいということになる．この場合無作為に選ぶ必要は起こらない．

さらに多数の補助変量 $a_1, a_2, \cdots, a_p$ が存在して，
$$\xi_i = \alpha + \beta_1 a_{1i} + \cdots + \beta_p a_{pi} + u_i$$
と表わされる場合にも，$\bar{A}_y = \bar{a}_j \quad j = 1, 2, \cdots, p$ となるようにすれば，
$$\hat{\bar{\xi}} = \bar{X}, \cdots, V(\hat{\xi}) = \frac{\sigma^2}{n}$$
となって，$\bar{\xi}$ のよい推定量が得られる．そうしてここでも σ^2 の推定は可能であるから，$\hat{\bar{\xi}}$ の誤差分散は推定できることになる．

一般に $\bar{A}_j = \bar{a}_j$（標本平均＝母集団平均）$j = 1, 2, \cdots, p$ となるようにすることは，無作為抽出では困難であるから，この場合にはいろいろな変量についてバランスさせる有為抽出のほうが望ましいということになる．

またすでに述べたように現実の調査においては回答率がかなり低くなることが少なくないが，このような場合にも，適当なモデルを想定することができれば，母集団母数の推定が可能になる．例えば回帰モデル
$$\xi_i = \alpha + \beta a_i + u_i$$
において，未回答が一様には起こらないが，u_i とはほぼ独立に起こるものと想定することができれば，α, β は最小2乗法で推定することができるから，
$$\bar{\xi} = \hat{\alpha} + \hat{\beta}\bar{a}$$
と推定すればよい．この場合回答が得られる標本の偏りは a の値の標本 $\bar{A}$ と母平均 $\bar{a}$ の差に反映されることになる．

1.4 実　験

データを得る4番目の方法は実験と呼ばれるものである．

近代科学の発展において実験というものが極めて重要な意味を持ったことはよく知られている．すなわちある現象 A がある原因 X によって起こるのではないかと考えられたとき，まずしなければならないのは A が起こる状況をまず観測して，そこで X が起こっているか否かを確かめ，また他の場合に A が起こらなかった場合には X が起こっていないことを確かめることである．そこで X が起これば A が起こり，X が起こらなければ A が起こらないことが確かめられれば，一応 X が A の「原因である」ことが推定される．しかし現実に自然界や社会で起こっている場の状況は複雑であり，A が起こるについてもいろいろな要因 $Y, Z, \cdots$ が関係してくるのでこのようなただ現実に起こったことだけを観察するだけでは「X が A の原因である」と断定することはできない．

　そこでまずできる限り条件を均一にした状況を人為的に設定して，その中で X だけを変化させて，X が起こるときは A が起こるが，X が起こらないときには A が起こらないかを確かめて因果関係を確定することが，科学的実験の目的である．最近では人為的に自然には存在しないような状況を作り出して，自然の中では現われないような現象を観測することも行なわれていることはよく知られている．

　いずれにしても条件もできるだけ精密に制御して，因果関係を純粋な形で取り出そうとするのが，科学的な精密実験の考え方である．

　これに対して R. A. Fisher が創始した統計的実験（statistical experiment）の方法は，それとはある意味でまったく違う考え方にもとづいている．因果関係をできる限り正確に求めようとする限りでは，目的は科学的実験の場合と同じであるが，科学的実験は人工的に作り出された純粋な条件のもとでの因果関係を確定しようとするのに対して，統計的実験は現実の場での因果関係を確かめることを目的とする点が根本的に異なっている．科学的法則性を検証しようとする科学的実験とは異なって，統計的実験は現実の応用の場，すなわち工学，農学，医学等の現実の問題において，何をなすべきかを知ることを目的としているからである．その意味で統計的実験は技術的実験ということができる．

　このことから，次のような状況が生まれる．

1. 技術的実験においては，条件を完全に制御することは不可能である．かりに実験室の中では制御することができたとしても，その結果が実際に適用される技術的応用の場ではそれは不可能であるから，実験室の中だけで精密に制御しても無意味であるのみか，現場とまったく違った実験室の中で得られた結論は，現場では成り立たなくなる危険もある．統計的実験においては，実験の場は，現実の応用の場に近い状況に設定される．
2. したがって実験の結果に対しても，研究の対象となっている条件のほかに，完全には制御されない因子の影響によって，いろいろな形で変動，広い意味の誤差が加わる．結果の分析においてはこのような誤差の存在を前提にしなければならない．
3. 科学的精密実験においては，ふつう1つの条件，あるいは因子のみの影響を見るために他の条件はできる限り一定にして実験を行なうが，統計的実験においてはいくつかの因子を同時に変化させて結果を見る必要があることがある．それは現実の場においては，いくつかの条件が同時に変化する場合，あるいは変化させる必要が生ずる場合があるからである．
4. 科学的実験の目標は因果性の確立ないし検証であるが，統計的実験の目的は，ある1つの条件，あるいは因子を適切に制御して，何らかの基準によって現実の場において最も良い結果が得られるような条件を求めることである．

R. A. Fisherは，上記のような統計的実験の方法を，勤務していたRothamstedの実験農場において開発したのであった．そこでのおもな目的は収量が最も多くなるような穀物の品種を開発することであった．その場合収量はその栽培される土地の土壌や，灌漑，排水の条件，日照，通風など多くの条件によって影響されるが，それらをすべて完全に均一になるように制御することは不可能であった．そこでFisherの導入したのは次の3原則であった．

1. 実験する圃場全体の条件を均一化することは不可能であるから，それをいくつかの部分（ブロック）に分割し，各ブロックの内部ではできる

限り条件を均一にする(局所制御)
2. 各ブロック内の小区割(プロット)に異なる品種をランダムに割り当てて栽培する(ランダム化)
3. 同じ品種を異なるいくつかのブロックに栽培する(繰り返し)

上記のような方法によって異なる品種の収量に対する土壌その他の条件の差による影響をできるだけ小さくするようにするとともに，その影響を確率的に変動する誤差として扱うことができるようにしたのである．

　そうしてこのようにして得られた結果を処理する数学的方法として Fisher は分散分析法を開発したのである．

　さらに Fisher はいくつかの因子の効果を同時に推定するための方法として多因子実験の方法を開発した．例えばある穀物に対する何種類かの肥料の効果を推定するために，一つひとつの品種について，それぞれいくつかの肥料を施してその結果を見るのではなく，いくつかの品種を何種かの肥料のすべての組み合わせについて一度に実験して，その結果を分散分析法によって解析することにより，品種による収量の差と各種の肥料の効果の差を，効率よく推定できるのみならず，品種による品種効果の違い(交互作用)についても検出することができたことを示したのである．

　このような考え方を拡張すれば，3つ以上の因子について同時に実験を行なうこともできる．その場合多数の因子の組み合わせから生ずるいわゆる高次の交互作用は考えなくてよいとすれば，各因子の可能な場合(因子水準と呼ばれる)のすべての組み合わせについて実験を行なう必要はなく，その何分の一かについて実験を行なうことによって必要な情報を得ることができる(部分実験)．

　このような方法は，その後工業における工場実験，あるいは医学における臨床試験の場にも広く応用されるようになった．その場合にも，局所制御，ランダム化，繰り返し，そして多因子組み合わせ実験の考え方は基本的である．ただし実験の目標は場合によって異なり，例えば機械工業における品質管理の場においては平均値の最大や最小ではなく，ばらつきを最小にすることが目標とされる．田口玄一氏の開発したタグチメソッドといわれるものは，このような考え方を発展させたものである．

また臨床試験の場合には，薬の治療効果を測定する場合に，必ずプラシーボと呼ばれる実質的に効果のないことがわかっているものが対比のために用いられる．それは薬を用いなくても治癒する確率がある程度あり，しかもそれが一定していないからである．またその場合治療効果とともに副作用を考慮しなければならない．

　したがって実験計画法において，その基本的な枠組みは，多くの場合に，共通であるが，その具体的な計画や結果の解析については，その実験の結果が用いられる具体的な目的に対応して考えなければならない．多くの場合，ただ分散分析の方法を適用して，因子の効果があるか否かを検定しただけでは不十分であって，実験の結果がどのような行動を選択すべきかを示唆しているかを，くわしく考察しなければならないし，場合によっては実験結果が，まだ具体的な結論を出すのに不十分であれば，さらに追加実施を行なうべきか否かをを判断しなければならない．例えば因子効果に差がないという仮説が棄却されなかったとき，そのことは単に実験結果からは「はっきり差があるとはいえない」ということを意味するだけであるから，そこで差がないものとしてしまってよいか，もっと実験を行なって確認すべきかは，効果の値の同時信頼区間を求めるなどして検討しなければならない．

　また多数の品種の中から最も収量の多いものをふくむ実験の場合には，1回の実験で正確な結論を出すことは困難であるから，最初まずすべての品種についてある程度の大きさの実験を行ない，次にその結果によっていくつかを選択して実験するという，2段階あるいは多段階の実験を行なうことも考えられる．その際，全体の実験の大きさは与えられたものとしてそれを各段階にどのように割り当てるか，あるいは，2段階目以降の実験に，最初の実験の結果にもとづいて実験の対象をどのように選ぶべきかについて，理論的に考察しなければならない．また，実験の大きさや方法を定めるには結果に対して求められる精度と実験のコストおよび実験に要する時間などのバランスを考慮しなければならない．

2 統計的推測

2.1 推測の目的

　統計的推測は形式的には推定や検定，すなわち未知母数の値を求めたり，未知母数に関する仮説がデータと矛盾していないかを確かめたりすることを目的として行なわれる．しかし真の目的は仮定されたモデルの母数について判断することではなく，データが表わしている客観的対象に対して，何らかの判断，あるいは行動を取ることである．それはどのようなものであろうか．

　一般にデータを用いる目的には，大別して3つの種類がある．それを分析，予測，決定と呼ぶことにしよう．

　分析とは対象についてのデータから，その構造，あるいはその論理について判断することを意味する．その目的はいわば客観的対象を理解することにある．ふつうそれは対象についての何らかの科学的な理論，あるいは常識的直観的な理論を前提とし，データに照らしてそれを検証し，あるいは精密化することを意味する．

　予測とは，過去のデータから，将来起こるであろう客観的事象について判断することを意味する．その場合には過去の事実と将来の事象との間の何らかの論理的関係を想定しなければならないし，そのことを表現する理論やモデルが必要であるが，しかし本来の目的はそのような理論や仮定を検証することではなく，将来の事象を「当てる」ことにある．

　決定とは，客観的対象に対して何らかの働きかけを行なうための意思決定を行なうことを意味する．その場合可能な選択肢の中から最もよいものを選ぶことが目的である．選択肢の優劣が客観的対象の条件に依存する場合，データからそれについて判断して，最良と思われるものを選ぶことが，統計的決定の問題である．抽象的に考えれば分析や予測なども「最も正し

い命題を選ぶこと」「最も近い予測値を与えること」という形で「決定」の一種と考えられるので，すべての推測問題を「決定」の枠組で定式化したのが，A. Wald の「統計的決定関数」(statistical decision function) の理論であり，それはそれとして有用であるが，しかしここで考えるのは，より具体的な状況のもとにおける具体的な行動選択の問題である．

　統計的推測理論の適用について，本来の目的が分析，予測，決定のどれであるかを明確に認識することが必要である．

　推定や検定などの統計的推測の結果は，統計的データ利用の本来の目的に対しては，いわば一つの中間段階であると考えねばならない．なぜならば統計的推測そのものは対象について仮説的に想定されたモデルにかかわるものであるが，データ利用の本来の目的は客観的対象自体にかかわるものだからである．

　したがって統計的推測の結論をどのように解釈し，どのように利用するかは，データ利用の本来の目的が何であるかによって，変わることに注意しなければならない．

　統計的推測の結果の解釈も，データが得られた対象の具体的な性質と，結論を利用する目的によって異なる．

　例えば，2つの集団から得られた標本について，2つの集団における母数が等しいという仮説検定を行なって，その仮説が棄却されなかった場合，その現実的な意味づけはいくつかあり得る．

1. その2つの集団は，実は同一のもの（例えば異なった名前がつけられていた穀物の品種が実は同じもの）であったかもしれないと思われる
2. その2つの集団は異なる集団であるが，その特性値にはあまり差がない（恐らくまったく等しいことはないであろう）
3. 実験が不十分であって，差が認められなかった（差があることはわかっているので，その符号や大きさを知らなければならない）

この中のどれを取るかは問題の性質に依存するのである．さらにまた2つの集団の特性値が異なる場合，それが本来それぞれは均質な2つの集団であったのか，あるいはそれぞれが異質の集団の混ざり合ったもので，2つの集団においてはその構成比が異なっているのか，というような可能性が

ある．

　またその結論をどのように利用するかを考慮しなければならない．もしそれが過去の状況にかかわるもので，現在や将来とかかわりのないものであったとすれば，それは単に過去の状況についての判断に対して，一つの「証拠」を提出することにとどまる．しかしそれが現在，現実に存在するものであって，2つの集団のうち，どちらを選ぶか，あるいは2つの集団に対して異なる処置をするべきかというようなことが問題になっているとすれば，そこでは誤った選択をした場合の損失を考慮して検定の水準や検出力を定めなければならない．

　いずれにしても統計的データを利用する場合に判断の対象とされるのは，そのデータが直接得られたものだけでなく，その背後にあるより広い集団であり，データはそれについての情報を与えていると想定されるのである．データからより広い対象についての判断を導き出すこと，それが統計的推測の目的である．

　ある特定の対象についてのデータを分析する場合には，このことは問題にならないように思われるかもしれない．例えばある村の過去の特定の年における人口，その男女，年齢構成に関する数字が得られたとして，それは単にその村のその時の状況を表わすだけのものであり，それが何らかの意味で，ある時代の多くの村の状況を代表するようなものではないかもしれない．このようなデータがたまたま残された史料の中から発見される場合，それが統計的な代表標本としての性質を持つとは考えられない．しかし歴史的研究においても，それが純粋に特定の村の特定の時期のみにかかわるものであり，それ以上の拡がりをいっさい持たないとすれば，それを単に「記述」することはあまり意味がないであろう．やはりその時代，あるいはそのような村の何らかの一般性を持った特性がその中に反映されていると見られるからこそ，そのようなデータは歴史的関心の対象になるはずである．もちろんそのような例においては，形式的な統計的推測の方法を適用することはあまり意味がないであろう．しかし平均や比率を計算するような初等的記述統計の方法にしても，そこから何らかの傾向性や安定性を見ようとするものにほかならない．

予測が問題になる場合には，過去のデータと未来のまだ観測されないデータが特定の形で関連していることが，基本的な前提であることはいうまでもない．

意思決定の場合にも，ふつう働きかけの対象となるものが，データが得られた特定の集団に限られる場合はむしろ例外であり，データにもとづいて，より広い対象に対して働きかけを行なうことが想定されるのがふつうである．

したがって統計的なデータを利用する場合にはいずれにしても，部分的なデータからより広い集団について判断することが要求されるのであり，そのための方法が統計的推測なのである．

2.2 無限母集団の意味

このことはモデルを設定する場合の母集団の意味づけにかかわる．Fisherが強調しているように，観測値について確率分布を想定することは，それが「仮説的な無限母集団」(hypothetical infinite population)から無作為に取られた値であると見なすことを意味する．調査や実験の過程でランダム化が行なわれるのは，このような仮定があてはまるようにするためであろうが，そうでない場合でもこのような想定があてはまることを前提にするわけである．

ところでこのような「無限母集団」が実際にはどのような「拡がり」を持つと考えるかは，状況に依存する．

例えば過去の現象について，その背後にある対象の構造を分析することが問題である場合には，過去の事実はそこで固定してしまっているのだから，このような「無限母集団」はあくまで「仮説的」なものにとどまる．

これに対して「予測」を問題にするときに，予測される未来の値は，観測値が得られたのと同じ母集団から得られるものと想定しなければならない．すなわち「仮説的無限母集団」は過去の値と同時に未来の値をもふくむと考えられるのである．

また「決定」に関わる場合には，意志決定の結果としての対象に働きか

けた結果，対象が変化する場合，その中で観測値を生み出した「仮説的無限母集団」がどのように関係するのかが明確に理解されなければならない．そこにふくまれるのは多くの場合，条件付予測，つまり外的条件を変化させた場合，結果がどのように変わるかを予測することであるから，そこで外的条件が変わっても「仮説的無限母集団」は変化しないことが要求される．よりくわしくいえば，統計的決定問題を，偶然変動を表わす u，未知母数 θ，そして操作可能な条件 z，観測および予測可能条件 y によって，観測値 $x_1, x_2, \cdots, x_n$ が $x_i = f(y_i, z_i, u_i, \theta)$ と表わされるとき，$w = g(y, z, u_0, \theta)$ と表される量 w が望ましい値になるように z を定めることと定式化することができるとしよう．その時データが決定問題に有用な情報を与えるための基本的条件は，$u_1, \cdots, u_n$ および u_0 が同じ「仮説的無限母集団」から無作為に取られるということである．そうしてこのような母集団は，y や z には影響されないということが要求される．

　一般にある観測値の背後に，このような「仮説的無限母集団」の存在を想定することの妥当性は，そのような想定をどのような形で利用するかに依存して変わるのである．それが本質的に「仮説的」なもの，すなわち現実に同一条件のもとでの実験や観測の「無限の繰り返し」を前提としているわけではないことを認める限り，抽象的一般的にはその妥当性を論ずることは意味がない．逆に確率モデル，したがって「仮説的無限母集団」を想定したとき，それがどのような範囲に及ぶものであるかを認識することが必要である．

　例えば観測や実験のランダム化は，確率モデルの妥当性を保証するものであるが，そこで想定されている「無限母集団」は，あくまでその特定の対象集団に対する観測や実験の観測の繰り返しを想定しているものであって，その外に及ぶものではないことに注意する必要がある．

　例えばある病気に対する 2 つの薬 A, B の効果を比較する場合，個人差やその他の影響から生ずる偏りを除くために，対象となる患者を，できる限り似た条件のもとにあると思われる 2 人ずつの組に分け，（つまり大きく 2 つのブロックを作り）さらにそれぞれの組のどちらに A をどちらに B を与えるかをランダムに決めて実験するという方法はよく行なわれる．

このとき各組におけるAとBの効果の観測値を，$x_i, y_i (i = 1, 2, \cdots, n)$ とすると，もし2つの薬の効果に差がなければ，Aを与えられたものとBを与えられたもののどちらが x_i，どちらが y_i になるかの確率はどちらも1/2ずつになるであろう．このことにもとづいて仮説を検定するのが，並べかえ検定の方法である．

この方法はもちろん論理的には完全に正しいけれども，しかしそこで得られた結論はどのような意味を持つであろうか．実際に実験対象となった $2n$ 人については，AとBの薬の効果に差があった．あるいはAのほうがBより効果が大きかったといえるにしても，その結論は，それ以外の患者の集団にあてはめることができるだろうか．ランダム化はそのことを保証するものではないことは明らかである．しかしまたもし結論が過去の実験対象になった人々の集団にしかあてはまらないものであったなら，そもそも臨床実験ということは意味がなくなってしまう．実験の目的は，より大きな患者集団にどちらの薬を使えばよいかを決めることだからである．

しかし $2n$ 人の患者集団について得られた結論が，より大きい集団に適用することができるためには，実験対象となった集団が，より大きい集団を何らかの意味で代表するものでなければならない．実験対象が，より大きい集団，あるいは「特定の病気を持つ患者」の「仮説的無限母集団」からの無作為標本と考えられる場合には，もちろんこのことは成り立つが，しかし現実の病院における臨床実験などの場合には，そのような想定は成り立たないのが普通である．ランダム化が必要とされるのは，対象となる集団，つまり患者の集団が，例えば病状や，性，年令などにおいて不均一であり，それによって薬の効果に差が出ることが前提とされているからであり，それにもかかわらず，そのような条件の差を越えて，A，Bのいずれかが他より優れているといえるかどうかを問題にしているのである．したがってそこで得られた結論がより大きい集団にあてはまるためには，このような個人ごとの条件の差の構造が，実験の対象となった集団とより大きな集団とにおいてほぼ同じでなければならない．そうでない場合には，実験から得られた結論をもっと大きい集団にあてはめると，誤った判断をすることになる．

例えばいま $2n$ 人の患者を対象として，2つの薬 A, B の効果を比較する実験を行なう場合を考えよう．その場合患者をランダムに2組に分けて，一方の組に A を与え，他方の組に B を与えるとしよう．そうして A, B のどちらがより大きい効果を持つかを比較することを考えよう．この場合患者の状態には個人差があると考えられるので，それが結論に影響を及ぼさないようにランダムに組み分けを行なうのである．

ところが，この薬の効果に影響を与える遺伝子 α が存在し，それを持つ人と持たない人では，A, B の効果が異なる場合を考えよう．そこで α を持つ人については薬品 A が効果がある確率を P_A，薬品 B が効果がある確率を P_B，同様に α を持たない人について，それぞれが効果がある確率を $\bar{P}_A, \bar{P}_B$ と表わすことにしよう．ところでこの $2n$ 人の中で α を持つ人の数を $2K$ 人とすると，A を与えた n 人の中で効果がある人の数の期待値は，

$$\mu_A = KP_A + (n-K)\bar{P}_A$$

B を与えた人の中で効果がある人の期待値は

$$\mu_B = KP_B + (n-K)\bar{P}_B$$

となる．ここでもし $P_A = P_B, \bar{P}_A = \bar{P}_B$ ならば K に関係なく $\mu_A = \mu_B$ となる．

しかし $P_A \neq \bar{P}_A$, $P_B \neq \bar{P}_B$ かつ $P_A \neq P_B$, $\bar{P}_A \neq \bar{P}_B$ のとき

$$\mu_A - \mu_B = K(P_A - P_B) + (n-K)(\bar{P}_A - \bar{P}_B)$$

となるから $P_A - P_B$ と $\bar{P}_A - \bar{P}_B$ の符号が逆ならば，$\mu_A - \mu_B$ の符号は K と $n-K$ の比に依存する．

したがってランダム化によって，実験の対象となった集団における μ_A と μ_B の比較については厳密な統計的推論が可能であっても，その結論をより広い集団に及ぼすには，遺伝子 α を持った人の比率が，2つの集団においてほとんど変わらないという前提が必要であるが，それは必ずしも成り立たないかもしれない．少なくとも無条件に仮定することはできないであろう．

実験の対象となる集団について，一人一人にこのような遺伝子の有無を調べることができれば，実験に際して対象集団をそれに応じて分けて観察すべきであるということになるが，現実にはどのような遺伝子が薬の効果に影響するかわからないし，また一人一人の患者の遺伝子を調べることも

困難な場合が多いので，上に述べたような危険を避けることは難しい．

すなわちどの薬を選ぶかというような「決定」問題に関わる実験については，実験の対象となる集団が「決定」の適用される対象を適切に代表するようになっていなければならない．

2.3 非負母数の区間推定

ところで統計的推測の問題において未知母数 θ はふつう仮定された分布に対して「自然な範囲」，例えば母平均ならば実数とされるが，しかし現実の条件からそれが限定される場合がある．

母数の範囲が最初から限定されている場合の区間推定（あるいは領域推定）の問題が，とくに物理学者の間で関心を呼んでいる．

すなわち $X_1, \cdots, X_n$ が未知母数 θ をふくむ分布にしたがって分布しているとき，θ が自然な存在範囲より小さい集合 C に属することがあらかじめ知られているときに，$X_1, \cdots, X_n$ にもとづく θ の信頼域をどのように求めるかが問題である．

いまこのような条件を無視して構成した水準 $1-\alpha$ の信頼域を $S = S(X_1, \cdots, X_n)$ とすれば，すべての θ について

$$P_\theta(\theta \in S) \geq 1 - \alpha$$

であるから，$S^* = S \wedge C$ とおけば $\theta \in C$ のとき

$$P_\theta(\theta \in S^*) \geq 1 - \alpha$$

となることは明らかであるから S^* が一つの信頼域になることは明らかである．しかしこのようにして構成した S^* は空集合になることもあり，必ずしも直観的に望ましいとは感ぜられない．

例えば $X_1, \cdots, X_n$ が互いに独立に平均 μ，分散 σ^2 の正規分布に従い，$\mu \geq 0$ であることがわかっている場合に μ の信頼区間を求める問題を考えよう．

この場合 μ に関わる条件を無視すれば，μ に関する「最良不偏信頼区間」は $\bar{X} = \sum X_i / n$, $S = \sqrt{\sum (X_i - \bar{X})^2 / (n-1)}$ として

σ が既知ならば

$$\bar{X} - \frac{\sigma}{\sqrt{n}} u_{\alpha/2} < u < \bar{X} + \frac{\sigma}{\sqrt{n}} u_{\alpha/2}$$

σ が未知ならば

$$\bar{X} - \frac{S}{\sqrt{n}} t_{\alpha/2} < u < \bar{X} + \frac{S}{\sqrt{n}} t_{\alpha/2}$$

となることはよく知られている．ただし $u_{\alpha/2}, t_{\alpha/2}$ はそれぞれ正規分布（自由度 $n-1$ の) t 分布の両側の点を表わす．

そこで $\mu \geq 0$ であることを考慮するとこれから直接得られる区間は
σ が既知ならば

$$\max\left(0, \bar{X} - \frac{\sigma}{\sqrt{n}} u_{\alpha/2}\right) < \mu < \bar{X} + \frac{\sigma}{\sqrt{n}} u_{\alpha/2}$$

σ が未知ならば

$$\max\left(0, \bar{X} - \frac{S}{\sqrt{n}} t_{\alpha/2}\right) < \mu < \bar{X} + \frac{S}{\sqrt{n}} u_{\alpha/2}$$

となる．$\bar{X} < -\sigma u_{\alpha/2}/\sqrt{n}$ あるいは $\bar{X} < -St_{\alpha/2}/\sqrt{n}$ ならばこの区間は空集合になってしまう．

これまでこの問題に対して主として物理学者などの応用家の側から，いくつかの提案がなされてきた．しかしこれについては次のようにして2つの考え方で扱うことができる．

一つは Bayesian の考え方である．すなわち C の範囲内に限定した事前分布を想定して，それから事後分布を計算し，事後確率が $1-\beta$ 以上になる範囲を S とすることである．この場合，母数 θ が与えられたとき，S が θ をふくむ確率は必ずしも $1-\beta$ にはならないし，またその確率は θ の値によって一般に変わるから，得られた S の信頼係数は明らかでないという問題が生ずる．

もう一つの考え方は，信頼域を構成する一般的な方法にしたがって，C に属する各点 θ_0 に対して，仮説 $\theta = \theta_0$ を，対立値域，$\theta = \theta' \in C, \theta' \neq \theta_0$ に対して検定する水準 α の検定の受容域を $A(\theta_0)$ とし，与えられた $\boldsymbol{X} = (X_1, \cdots, X_n)$ に対して $S(\boldsymbol{X})$ を $\boldsymbol{X} \in A(\theta_0)$ となるような $\theta_0 \in C$ の集合と定義することである．この場合の問題は，対立仮説が C の範囲に限定

されることを，どのようにして検定方式に反映させるかである．

ここで次のように考えよう．$X=(X_1,\cdots,X_n)$ の同時密度関数を $f_\theta(x)$ と表わすとき，$\pi(\theta)$ を C の範囲で定義された事前分布として

$$f_\pi(x) = \int f_\theta(x) d\pi(\theta)$$

としよう．そうして，単純仮説 $\theta=\theta_0$ を x の密度が $f_\pi(x)$ であるとする単純対立仮説に対して検定することを考える．このとき最強力検定は

$$A = \{X | f_\pi(X)/f_{\theta_0}(X) < \lambda\}$$

から $P_{\theta_0}\{A\}=\alpha$ で与えられるから，このような A を $A(\theta_0)$ と表わし，与えられた X に対して $X \in A(\theta_0)$ となるような $\theta_0 \in C$ の集合を S とすれば，水準 $1-\alpha$ の信頼域が得られる．ここで $\pi(\theta)$ の選択には多くの可能性があるが，それを適当に選ぶことにより，直観的に自然な信頼域が得られるであろう．

前記の正規分布で $\mu \geq 0$ の場合事前分布として $\mu \geq 0$ の範囲の指数分布すなわち

$$d\pi(\mu) = \frac{1}{c} e^{-\frac{\mu}{c}} d\mu$$

を想定すれば，対立仮説の下での密度関数で

$$\begin{aligned}
f_\pi(x) &= \text{const.} \times \int_0^\infty \exp\left\{-\frac{\sum(x_1-\mu)^2}{2\sigma^2} - \frac{\mu}{c}\right\} d\mu \\
&= \text{const.} \times \exp\left\{-\frac{\sum(x_i-\bar{x})^2}{2\sigma^2}\right\} \\
&\quad \times \int_0^\infty \exp\left\{-\frac{n\mu^2}{2\sigma^2} + \frac{n\mu\bar{x}}{\sigma^2} - \frac{\mu}{c} - \frac{n\bar{x}^2}{2\sigma^2}\right\} d\mu \\
&= \text{const.} \times \exp\left\{-\frac{\sum(x_i-\bar{x})^2}{2\sigma^2} - \frac{1}{c}\bar{x} + \frac{\sigma^2}{2nc}\right\} \\
&\quad \times \int_0^\infty \exp\left\{-\frac{n}{2\sigma^2}\left(\mu - \left(\bar{x}-\frac{\sigma^2}{nc}\right)\right)^2\right\} d\mu \\
&= \text{const.} \times \exp\left\{-\frac{\sum(x_i-\bar{x})^2}{2\sigma^2} - \frac{\bar{x}}{c}\right\} \times \int_{-\frac{\sqrt{n}}{\sigma}\bar{x}+\frac{\sigma}{\sqrt{n}C}}^\infty \phi(u) du \\
&= \text{const.} \times \exp\left\{-\frac{\sum(x_i-\bar{x})^2}{2\sigma^2} - \frac{\bar{x}}{c}\right\} \times \Phi\left(\frac{\sqrt{n}}{\sigma}\bar{x} - \frac{\sigma}{\sqrt{n}c}\right)
\end{aligned}$$

となる．ただし

$$\phi(u) = \frac{1}{\sqrt{2\pi}} e^{-\frac{u^i}{2}}, \quad \Phi(u) = \int_{-\infty}^{u} \phi(u) du$$

他方，仮説の下では

$$f_0(\boldsymbol{x}) = \text{const.} \times \exp\left\{-\frac{\sum(x_i - \mu_0)^2}{2\sigma^2}\right\}$$

$$= \text{const.} \times \exp\left\{-\frac{\sum(x_i - \bar{x})^2}{2\sigma^2}\right\} \times \phi\left(\frac{\sqrt{n}(\bar{x} - \mu_0)}{\sigma}\right)$$

である．したがって仮説 $\mu = \mu_0$ の検定の受容域は，$z = \sqrt{n}(\bar{x} - \mu_0)/\sigma$ とおけば，

$$\Phi\left(z + \frac{\sqrt{n}\mu_0}{\sigma} - \frac{\sigma}{\sqrt{nc}}\right) \leq \lambda \phi(z)$$

となる．一般に d を定数として

$$\Phi(z + d) \leq \lambda \phi(z)$$

となる範囲は $d \leq 0$ のとき $z \leq \bar{z}(0)$，$d > 0$ のとき $\underline{z}(d) \leq z \leq \bar{z}(d)$ という形になる．したがって仮説の受容域は

$\mu_0 \leq \sigma^2/nc$ のとき $\quad \bar{x} \leq \mu_0 + \dfrac{\sigma}{\sqrt{n}} \bar{z}(0)$

$\mu_0 > \sigma^2/nc$ のとき

$$\mu_0 - \frac{\sigma}{\sqrt{n}} \underline{z}\left(\frac{\sqrt{n}\mu_0}{\sigma} - \frac{\sigma}{\sqrt{nc}}\right) \leq \bar{x} \leq \mu_0 + \frac{\sigma}{\sqrt{n}} \bar{z}\left(\frac{\sqrt{n}\mu_0}{\sigma} - \frac{\sigma}{\sqrt{nc}}\right)$$

という形になる(図1)．

これから $\bar{x}$ が与えられたとき μ の信頼区間が

$\bar{x} < \dfrac{\sigma}{\sqrt{n}} \bar{z}(0)$ のとき $\quad 0 \leq \mu \leq \bar{\mu}(\bar{x})$

$\dfrac{\sigma}{\sqrt{n}} \bar{z}(0) < \bar{x} < \dfrac{\sigma}{\sqrt{n}} \bar{z}(0) + \dfrac{\sigma^2}{nc}$ のとき $\quad \bar{x} - \dfrac{\sigma}{\sqrt{n}} \bar{z}(0) \leq \mu \leq \bar{\mu}(\bar{x})$

$\bar{x} > \dfrac{\sigma}{\sqrt{n}} \bar{z}(0) + \dfrac{\sigma^2}{nc}$ のとき $\quad \underline{\mu}(\bar{x}) \leq \mu \leq \bar{\mu}(\bar{x})$

という形が得られる．ただし $\bar{\mu}(\bar{x}), \underline{\mu}(\underline{x})$ はそれぞれ

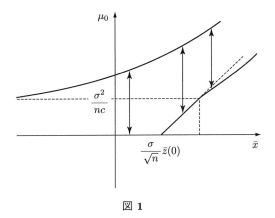

図 1

$$\bar{x} - \bar{\mu} = \frac{\sigma}{\sqrt{n}} \underline{z}\left(\frac{\sqrt{n}\bar{\mu}}{\sigma} - \frac{\sigma}{\sqrt{nc}}\right) \text{ および } \bar{x} - \underline{\mu} = \frac{\sigma}{\sqrt{n}} \bar{z}\left(\frac{\sqrt{n}\underline{\mu}}{\sigma} - \frac{\sigma}{\sqrt{nc}}\right)$$

をみたす μ の値である.

この問題をより一般化すると複数の母数 $\mu_1, \mu_2, \cdots, \mu_k$ について順序 $\mu_1 \leq \mu_2 \leq \cdots \leq \mu_k$ が与えられている場合などが考えられる．これについては第II部で詳しく論じられている．

3 統計的予測の方法

3.1 統計的予測の論理

統計的予測の理論は，それだけを明確に定式化して論じた本は少ないので，その基本的ポイントについて若干のべよう．

統計的予測とは，観測値 $X_1, \cdots, X_n$ から未来の（あるいはまだ観測されない）変量 Y について，何らかの判断をすることである．

$X_1, \cdots, X_n, Y$ の同時確率分布が有限次元の未知母数 θ をふくむ形で与えられている場合がパラメトリックな予測問題，同時分布がより広いクラ

スになっている場合がノンパラメトリック予測問題である．

$X_1,\cdots,X_n$ および Y が実数値を取る場合を考えよう．このとき Y の値を $X_1,\cdots,X_n$ の可測関数として定義される予測量
$$\hat{Y} = y(X_1,\cdots,X_n)$$
によって予測する問題が点予測問題(point prediction)，Y が存在すると考えられる範囲を，2つの可測関数
$$\underline{Y} = l(X_1,\cdots,X_n), \quad \overline{Y} = u(X_1,\cdots,X_n)$$
を用いて $\underline{Y} \leq Y \leq \overline{Y}$ という形で与えるのが区間予測(interval prediction)である．また $Y \leq \overline{Y}$ または $\underline{Y} \leq Y$ という形で与えるのが(片側)予測限界(prediction limit)を求める問題である．

点予測においてすべての θ について，
$$E_\theta(\hat{Y} - Y) = 0$$
となるとき，$\hat{Y}$ は不偏予測量であるという．不偏予測量の中で，予測誤差分散
$$V_\theta(\hat{Y} - Y) = E_\theta(\hat{Y} - Y)^2$$
を小さくする予測量が望ましい予測量であり，すべての θ に対して，予測誤差分散を最小にする予測量が存在すれば，それを一様最小分散不偏予測量と呼び，最も良い予測量と見なす．

もしここで Y と $(X_1,\cdots,X_n)$ が独立ならば
$$E_\theta(\hat{Y}) = g(\theta)$$
と表わすとき，
$$E_\theta(\hat{Y} - Y)^2 = E_\theta(Y - g(\theta))^2 + E(\hat{Y} - g(\theta))^2$$
となり，右辺の第一項は $\hat{Y}$ によらないから，Y の最小分散不偏予測量を求める問題は $g(\theta)$ の最小分散不偏推定量を求める問題に帰着する．$(X_1,\cdots,X_n)$ と Y が独立であるとき，
$$T = t(X_1,\cdots,X_n)$$
が完備十分統計量であれば，任意の不偏推定可能な母数に対して，T の関数として表わされる最小分散不偏推定量が存在する．そこでいまある関数 $h(X_1,\cdots,X_n)$ が存在して
$$E_\theta\bigl(Y - h(X_1,\cdots,X_n)\bigr) = 0 \quad \forall \theta$$

となるならば
$$\hat{Y} = E(h(X_1, \cdots, X_n)|T) = \hat{Y}(T)$$
が Y の最小分散不偏予測量を与える

区間予測については
$$P_\theta\{l(X_1, \cdots, X_n) \leq Y \leq u(X_1, \cdots, X_n)\} \geq 1 - \alpha \qquad \forall \theta \qquad (1)$$
となるとき,区間 $[l(X_1, \cdots, X_n), u(X_1, \cdots, X_n)]$ を水準 $1-\alpha$ の予測区間という.

3.2 予測区間の構成法

区間予測については条件(1)を満たすものは一般に数多く存在するが,その中でどのような区間が最も「よい」と考えられるであろうか.実はその基準は必ずしも明確に定められない.これについては後に述べる.

予測の一つのタイプとして,条件付予測がある.それは $X, i = 1, \cdots, n$,および Y の分布が未知母数のほかに,何らかの外生産数の値 $z_i, i = 1, \cdots, n$ および z_0 に依存する場合,n 個の組 $(x_i, z_i), i = 1, \cdots, n$ にもとづいて $z = z_0$ となったときの Y の値を予測しようとするものである.このような場合には一般に z が与えられたときの X_i および Y の条件付分布が未知母数 θ を含んだ形で与えられる.やや問題を単純化すれば $z_1, \cdots, z_n, z_0$ が与えられたとき $X_1, \cdots, X_n$,及び Y はすべて互いに独立であって,その条件付き密度が未知の母数 θ を含んで $P_\theta(x|z_i)$ および $P_\theta(y|z_i)$ で与えられるとき $(X_i, z_i), i = 1 \cdots$ および z_0 の値から Y を予測する問題と定式化される.

例えば α, β を未知母数として,
$$X_i = \alpha + \beta z_i + u_i, \quad i = 1, \cdots, n$$
$$Y = \alpha + \beta z_0 + u_0$$
と表わされ,$u_1, \cdots, u_n, u_0$ が互いに順番に平均 0,分散 σ^2 の正規分布に従うとしよう.このときの,β の最小 2 乗推定量を
$$\hat{\beta} = \frac{\sum(z_i - \bar{z})(X_i - \bar{X})}{\sum(z_i - \bar{z})^2}, \quad \hat{\alpha} = \bar{X} - \hat{\beta}\bar{z}$$
とすれば,Y の予測量は,

$$\hat{Y} = \hat{\alpha} + \hat{\beta} z_0$$

で与えられる．そうして $\hat{Y} - Y$ は平均 0・分散，

$$\left(1 + \frac{1}{n} + \frac{(z_0 - \bar{z_n})^2}{\sum (z_i - \bar{z})^2}\right)\sigma^2$$

の正規分布に従うことがわかる．これから

$$\hat{Y} - S^{t_{\alpha/2}}\sqrt{1 + \frac{1}{n} + \frac{(z_0 - \bar{z})^2}{\sum(z_i - \bar{z})^2}} \leq Y \leq \hat{Y} + S^{t_{\alpha/2}}\sqrt{1 + \frac{1}{n} + \frac{(z_0 - \bar{z})^2}{\sum(z_i - \bar{z})^2}}$$

を表わし，$S^2 = \dfrac{1}{n-2}\sum(x_i - \hat{\alpha} - \hat{\beta} z_i)^2$ という形で Y の予測区間が与えられる．

ここまでは問題はないが，z の値が観測結果にもとづいて定められる場合には複雑な問題が生ずる．例えば Y の値を事前に与えられている特定の水準 C になるべく近づけたい場合を考えよう．このとき直感的に考えれば z_0 の値を $\hat{z} = (C - \bar{\alpha})/\beta$ とすればよいと思われるであろう．しかしここで $\hat{z}$ に対応する Y の期待値は

$$E(Y) = \hat{E}(E(Y|\hat{z})) = \alpha + \beta E(\hat{z})$$
$$= \alpha + \beta E\left(\frac{C - \hat{\alpha}}{\hat{\beta}}\right)$$
$$= \alpha + \beta \bar{z} + \beta E\left(\frac{C - \bar{X}}{\hat{\beta}}\right)$$
$$= C + (C - \alpha - \beta \bar{z}) E\left(\frac{\beta}{\hat{\beta}} - 1\right)$$

となるが，一般に

$$E\left(\frac{\beta}{\hat{\beta}} - 1\right) \neq 0$$

とするのみならず，実は n が正規分布に従う時 $\hat{\beta}$ も正規分布に従い，$E(1/\hat{\beta})$ は存在しない．

$Y = \alpha + \beta \hat{z} + u$ の予測区間については

$$Y - C = \frac{C(\beta - \hat{\beta}) + (\alpha \hat{\beta} - \hat{\alpha} \beta) + u\hat{\beta}}{\hat{\beta}}$$

となるから

$$P\{|Y - C| < t\} = P\left\{|C(\beta - \hat{\beta}) + \alpha(\hat{\beta} - \beta) - \beta(\hat{\alpha} - \alpha) + u\hat{\beta}| < t|\hat{\beta}|\right\}$$

となって，この確率は複雑に未知母数 α, β を含んだ形になってしまう．

次のような問題は，これとよく似ている．

$$X_{ij} = \mu_i + u_{ij}, \quad i = 1, \cdots, n, \quad j = 1, \cdots, n$$

で u_{ij} は互いに独立に平均 0，分散 1 の正規分布に従うとする．そうして

$$\hat{\mu}_i = \bar{X}_i = \frac{\sum X_{ij}}{n}$$

に対し，$\hat{\mu}_{i^*} = \max_{1 \leq i \leq n} \hat{\mu}_i$ として，

$$Y = \hat{\mu}_{i^*} + u_0$$

とおく．すなわち k 種の処理の中から，平均値を最大にすると思われるものを選び，それを次の対象に施した場合の期待値とする問題である．これは標本にもとづいて選ばれた母数の推定問題と呼ばれるものであり，このとき一般に

$$E(\hat{\mu}_{i^*}) > \mu_{i^*}$$

であるから

$$E(Y) < \hat{\mu}_{i^*}$$

である．すなわち $\hat{\mu}_{i^*} = \bar{X}_{i^*}$ は選ばれた母数の過大な推定量になる．これは実際にいくつかの標本平均の中で最大になったものは，その期待値より大きくなっている可能性が高いことから理解できる．しかしその場合

$$E(\hat{\mu}_{i^*}) - \mu_{i^*}$$

は，母数 $\mu_1, \cdots, \mu_n$ の値によって変化する．もしその中で他よりいちじるしく離れて大きいものがあれば偏りは小さくなり，$\mu_1 = \cdots = \mu_n$ のとき偏りは最大になる．

信頼区間についても同様問題が生ずる．この問題は現実に生ずる場合も少なくないがそれについて十分な理解はいまだ得られていない．

予測区間の構成法として次のような考え方が一般的に通用できる．

予測区間に対応して，次のような定義関数 ϕ を定義する．

$$\phi(X_1, \cdots, X_n, Y) = \begin{cases} 1 & l(X_1, \cdots, X_n) \leq Y \leq u(X_1, \cdots, X_n) \text{ のとき} \\ 0 & \text{そうでないとき} \end{cases}$$

そうすると(1)は
$$E_\theta(\phi(X_1,\cdots,X_n,Y)) \geq 1-\alpha \qquad \forall \theta(n) \qquad (2)$$
を意味する．逆に $\phi=0,1$ で(2)が成り立つとき $(X_1,\cdots,X_n)$ に対応する集合 $S(X_1,\cdots,X_n)$ を
$$S(X_1,\cdots,X_n) = \{Y|\phi(X_1,\cdots,X_n)=1\}$$
で定義すれば
$$P_\theta\{Y \in S(X_1,\cdots,X_n)\} \geq 1-\alpha \qquad \forall \theta$$
となるから，もし S がつねに区間であれば，S は水準 $1-\alpha$ の予測区間を与える．そうでないときは S は水準 $1-\alpha$ の予測域であるという．

さらに定義を拡張して $0 \leq \phi \leq 1$ として(2)が成り立つ場合には，$X_1,\cdots,X_n,Y$ と独立に $[0,1]$ の一様分布に従う変数 U を用いて $S(X_1,\cdots,X_n,U)$ を
$$S(X_1,\cdots,X_n,U) = \{Y|\phi(X_1,\cdots,X_n,Y) \geq U\}$$
で定義すれば，
$$P_\theta\{Y \in S(X_1,\cdots,X_n,U)\} \geq 1-\alpha \qquad \forall \theta$$
となるから，S は水準 $1-\alpha$ のランダム予測域を与える．

(2)を満たす ϕ は，一般に次のようにして構成することができる．

$X_1,\cdots,X_n,Y$ の同時分布を考え，その分布のクラスについての十分統計量を
$$T = t(X_1,\cdots,X_n,Y)$$
とすると，T を与えたときの Y の条件付分布は未知母数に依存しないから
$$E(\phi(T,Y)|T) \geq 1-\alpha \qquad (3)$$
となるような ϕ を求めることができる．そうしてこのような ϕ については当然(2)が満たされるから，ϕ は予測域の定義関数となる．

ここで
$$E_\theta(\phi(X_1,\cdots,X_n,Y)) = 1-\alpha \qquad \forall \theta$$
であるとき，予測域は相似(similar)であるという．T が十分統計量であるとき，
$$E(\phi(T,Y)|T) = 1-\alpha \qquad (4)$$
であれば，予測域は相似になる．また T が完備(complete)であれば，(4)は

予測域が相似になるための必要条件になる.
　一般に相似な予測域を求めるには(4)を満たす ϕ 求め,それから
$$\phi(T, Y) = 1$$
となる範囲を,T が Y と X をともにふくむことを考慮して,Y に関して求めればよい.
　例として,$X_1, \cdots, X_n, Y$ が互いに独立に次のような密度を持つ,連続指数型分布に従う場合を考えよう.$\boldsymbol{\theta} = (\theta_1, \cdots, \theta_n)$ を k 次元実ベクトル母数として
$$f(x, \boldsymbol{\theta}) = h(x) \exp \sum_{j=1}^{k} \theta_j t_j(x)$$
このとき,$X_1, \cdots, X_n, Y$ に依存する十分統計量は $T_j = t_j(X_1) + \cdots + t_j(X_n) + t_j(Y)$ として,
$$\boldsymbol{T} = (T_1, \cdots, T_k)$$
で与えられる.そうして $\boldsymbol{T}$ を与えたときの Y の条件付分布は $(\theta_1, \cdots, \theta_n)$ をふくまないから,
$$P_\theta |a(\boldsymbol{T}) \leq Y \leq b(\boldsymbol{T})||T| = 1 - \alpha \qquad (5)$$
となるような $a(\boldsymbol{T}), b(\boldsymbol{T})$ を求めることができる.そうして $\boldsymbol{T}$ が Y をふくんでいることを考慮して,関係式
$$a(\boldsymbol{T}) \leq Y \leq b(\boldsymbol{T})$$
を Y について解けば,$Y \in S(X_1, \cdots, X_n)$ という形の相似な予測域が得られ,これが区間ならば信頼区間が得られる.

例題 1 $X_1, \cdots, X_n, Y$ が互いに独立に平均 μ 分散 σ^2 の正規分布に従うとき,$(X_1, \cdots, X_n, Y)$ にもとづく十分統計量は,
$$T = (T_1, T_2)$$
$$T_1 = \frac{1}{n+1}(\sum X_i + Y) = \frac{1}{n+1}(n\bar{X} + Y)$$
$$T_2 = \frac{1}{n}(\sum(X_i - T_1)^2 + (Y - T_1)^2)$$
$$= \frac{1}{n}\sum(X_i - \bar{X})^2 + \frac{1}{n+1}(Y - \bar{X})^2$$
である.T_1, T_2 が与えられるときの Y の条件は分布を求めるには

$$Z = \frac{(Y_1 - T_1)}{\sqrt{T_2}}$$

の分布が μ, σ^2 をふくまず，したがって T_1, T_2 と独立になることを用い，また Z の密度関数が

$$f(Z) = C\left(1 - \frac{z^2}{N}\right)^{\frac{n-3}{2}}$$

となることを用いればよい．そこで定数 a を

$$P\{|Z| \leq a\} = 1 - \alpha$$

となるように定めれば，予測域の定義関数が得られる．$|Z| \leq a$ を Y に関して解くと，

$$\frac{|Y - \bar{X}|}{\sqrt{\sum(X_i - \bar{X})^2}} < b$$

という形になる．ここで t_α を自由度 $n-1$ の t 分布の両側の点とすれば，

$$b = \sqrt{\frac{n+1}{n(n-1)}} t_\alpha$$

とすればよいことがわかる．この場合には Y に関する予測区間を直接求めることは容易であろう．

　予測区間は，ノンパラメトリックなモデルの下でも求めることができる．

例題 2 $X_1, \cdots, X_n, Y$ が互いに独立に連続で同一分布に従うとし，分布形については何も仮定されていないとする．

　$X_1, \cdots, X_n, Y$ の $n+1$ 個の値を大きさの順に並べたものを

$$Z_1 < Z_2 < \cdots < Z_{n+1}$$

とすると順序統計量 $(Z_1, \cdots, Z_{n+1})$ は十分統計量になる．そうして

$$P\{Y = Z_i\} = \frac{1}{n+1} \quad i = 1, \cdots, n+1$$

である．そこで $\{x\}$ を $x \geq m$ となる最大の整数として $\{(n+1)\alpha\} = h + k$ となる正整数 h, k を定め，予測域の定義関数を

$$\phi = 1, Y = Z_i \quad h+1 \leq i \leq n+1-k$$

とすれば

$$E(\phi) = 1 - \frac{h+k}{n+1} \geq 1 - \alpha$$

となる．$X_{(1)}, \cdots, X_{(n)}$ を $X_1, \cdots, X_n$ と並べた順序統計量とすれば，ここで $\phi = 1$ となることは

$$X_{(h)} < Y < X_{(n-k+1)}$$

と同値であるから，これによって Y の水準 $1 - \alpha$ の予測区間が得られる．

この場合ノンパラメトリックな予測区間は，他にも求められる．

$$T = \frac{1}{n+1}(\sum X_i + Y) = \frac{1}{n+1}(n\bar{X} + Y)$$

とし，$|X_1 - T|, \cdots, |X_n - T|, |Y - T|$ を大きさの順に並べたものを $Z_1 < Z_2 < \cdots < Z_{n+1}$ とすると，

$$P\{|Y - T| = Z_i\} = \frac{1}{n+1} \quad i = 1, \cdots, n+1$$

となるから $\{(n+1)\alpha\} = k$ とし，

$$\phi = 1, \ Y = Z_i, \ i \leq n+1-k$$

とすれば，水準 $1 - \alpha$ の予測域の定義関数が得られる．

$Y = Z_i$ であることは

$$\left|Y - \frac{1}{n+1}(n\bar{X} - Y)\right| = \frac{n}{n+1}|Y - \bar{X}|$$

と

$$|X_i - T| = \left|X_1 - \frac{1}{n+1}(n\bar{X} + Y)\right|$$

$$= \left|X_j - \bar{X} - \frac{1}{n+1}(Y - \bar{X})\right| \quad j = 1, 2, \cdots, n$$

と比べるとき，後者の中で前者より小さいものが $n - k$ 個あることを意味する．すなわち $|X_j - T| < |Y - T|$ が成り立つような j が k 個存在することと同値である．さらに

$$|X_j - T| < |Y - T|$$

は

$$-\frac{1}{n+1}\left(n|Y-\bar{X}|-(Y-\bar{X})\right) < X_j - \bar{X} < \frac{1}{n+1}\{n|Y-\bar{X}|+(Y-\bar{X})\}$$

と同値,すなわち $Y > \bar{X}$ ならば

$$Y - \bar{X} > X_j - \bar{X} - \frac{n+1}{n-1}(X_j - \bar{X}), \quad X_0 - \bar{X}$$

となるが,$X_j > \bar{X}$ ならばこれは $Y > X_j$ に帰着し,$X_j < \bar{X}$ ならば

$$Y > \bar{X} + \frac{n+1}{n-1}(\bar{X} - X_j),$$

同様に $Y < \bar{X}$ ならば

$$Y - \bar{X} < -\frac{n+1}{n-1}(X_j - \bar{X}), \quad X_j - \bar{X}$$

すなわち $X_j < \bar{X}$ のとき $Y < X_j$, $X_j > \bar{X}$ のとき

$$Y < \bar{X} - \frac{n+1}{n-1}(X_j - \bar{X})$$

となる.そこで各 j に対して

$$X_j < \bar{X} \text{ のときは} \quad \left[X_j, \bar{X} + \frac{n+1}{n-1}(\bar{X} - X_j)\right]$$

$$X_j > \bar{X} \text{ のときは} \quad \left[\bar{X} - \frac{n+1}{n-1}(X_j - \bar{X}), X_j\right]$$

という区間を作り,この $n+1$ 個の区間の中で $n-k$ 個にふくまれる区間を取れば,それが Y に対する水準 $1-\alpha$ の予測区間になる.

一般に水準 $1-\alpha$ に対応する予測区間は多数存在する.その中でどのようなものを「よい」ものとして選んだらよいであろうか.一つの基準として区間の平均の長さ

$$\lambda = E_\theta\bigl(u(X_1,\cdots,X_n) - l(X_1,\cdots,X_n)\bigr)$$

をなるべく小さくすることが望ましいと考えられるかもしれない.しかしかりに相似な区間に限っても一般にすべての θ に対して λ_θ を一様に最小にする区間は存在しないから,これはあまり適切とはいえない.

例えば上記の正規分布の場合でも,T_1, T_2 が与えられたとき,

$$P\{-a(T_1, T_2) < Z < b(T_1, T_2)\} = 1 - \alpha$$

となるような $a(T_1,T_2)$ に依存して定めてもよいから,無限に多くの信頼域の定義関数が得られる.それと Y に関して解けば無限に多くの予測区間が導かれる.その中で平均の長さを最小にするものは μ, σ^2 の値に依存するので一様に長さの期待値が最小になる区間は存在しない.

もう一つの基準は不偏性である.すなわち $X_1,\cdots,X_n$ が θ を母数とする分布に従い,Y は θ' を母数とする分布に従うとして,$\theta=\theta'$ のとき $P_\theta\{Y\in S(X_1,\cdots,X_n)\}\geq 1-\alpha$ となるが,$\theta\neq\theta'$ ならば,
$$P_{\theta,\theta'}\{Y\in S(X_1,\cdots,X_n)\}\geq 1-\alpha$$
となるような予測域(あるいは予測区間)を不偏予測域と呼ぶことにする.そうして不偏な予測域の中で,$\theta\neq\theta'$ のとき
$$P_{\theta,\theta'}\{Y\in S(X_1,\cdots,X_n)\}$$
を最小にする予測域を最強不偏予測域と呼んで,それを求めることにする.すなわちそれは Y の正しい値をふくむ確率を $1-\alpha$ にすると同時に,Y の間違った値はなるべくふくまないような予測区間と考えられる.

そうすると実は予測区間に対応する関数を ϕ とすれば $1-\phi$ か $X_1,\cdots,X_n$ が θ を母数とする分布,Y が θ' を母数とする分布に従うと仮定して,
$$仮説\ \theta=\theta'$$
を検定する水準 α の検定関数(棄却確率を表わす関数)と考えられる.そうして不偏な予測域は不偏な検定に,最強力不偏予測域は最強力不偏検定に対応する.

そして例えば $X_1,\cdots,X_n,Y$ が互いに独立に平均 μ,分散 σ^2 の正規分布に従う場合の Y の予測域を求める問題を $X_1,\cdots,X_n$ が平均 μ,分散 σ^2,Y が平均 μ',分散 σ^2 の正規分布に従う場合の仮説 $\mu=\mu'$ を検定する問題に帰着させれば,最強力不偏検定の棄却域が
$$\sqrt{\frac{n}{n+1}}\frac{|Y-\bar{X}|}{S}>t_\sigma$$
で与えられることは容易にわかるから,これに対応する前記の予測区間が最強不偏予測区間となる.

予測区間の一方の端が,$-\infty$ または ∞ になるとき,有限な端を上側,または下側予測限界という.すなわち

$$P_\theta\{Y \leq u(X_1,\cdots,X_n)\} \geq 1-\alpha \quad \forall \theta$$
$$P_\theta\{l(X_1,\cdots,X_n) \leq Y\} \geq 1-\alpha \quad \forall \theta$$

となるとき，$u(X_1,\cdots,X_n), l(X_1,\cdots,X_n)$ をそれぞれ水準 $1-\alpha$ の上側予測限界，下側予測限界という．予測限界のよさの基準としては次のようなものが考えられる．$X_1=x_1,\cdots,X_n=x_n$ が与えられたとき，

$$P_\theta\{Y \leq u(X_1,\cdots,X_n)\} = \pi(X_1,\cdots,X_n,\theta)$$

と表わせば，

$$E_\theta\bigl(\pi(X_1,\cdots,X_n,\theta)\bigr) \geq 1-\alpha \quad \forall \theta$$

しかしここでは等号条件を要求しよう．すなわち

$$E_\theta\bigl(\pi(X_1,\cdots,X_n,\theta)\bigr) = 1-\alpha \quad \forall \theta$$

このとき $n(X_1,\cdots,X_n)$ を不偏な予測限界と呼ぶことにしよう．そうすると $\pi(X_1,\cdots,X_n,\theta)$ の変動が小さいほうが望ましいと考えることができる．すなわち

$$V_\theta\bigl(\pi(X_1,\cdots,X_n,\theta)\bigr)$$

をなるべく小さくすることが考えられる．ただしこれについても一様に最適な区間は一般には求められない．

4 　逐次選択実験問題

4.1　応用の場の中での実験

ふつうの統計的実験計画の問題では，実験によって情報を得る段階と，実験の結果にもとづいて意思決定を行なう段階とは明確に区別される．

しかし現実の問題の中では，情報を得るための実験も，意思決定の場の一部である場合が少なくない．そのような場合には，情報を得るための実験と，現実の目的のための行動が区別されなくなる．

例えば薬の効果を知るために，現実の患者を対象とした実験を行なう場合を考えよう．その場合，実験の対象となるものも，本来治療すべき患者

なのであるから，実験の中でも治癒率は高くなることが望ましい．したがって効果の低い薬や，効果のないプラシーボを与える患者の数はできるだけ少なくしなければならない．しかしながら他方，効果のない薬やプラシーボをふくめて実験しなければ，どの薬がよいかの情報を得ることができなくなる．したがって実験段階で効果のない薬を用いることによる治癒率低下のリスクを小さくすること，薬の効果について正確な情報を得ることの間には矛盾が生ずる．そこでこの2つの要求をどのようにしてバランスさせるかが問題である．この場合次の点に注意しなければならない．

1. 対象となる患者の全集団は有限の大きさである．もしそうでなければ，できるだけ正確な情報を得ることによって，少しでも全体としての治癒率を上げることができれば，実験段階でのいわば「犠牲」は問題にならなくなるからである．そうして対象集団の大きさ N が大きければ大きいほど，正確な情報を得ることが求められるし，N が小さければ，あまり正確な情報が得られなくても，結論を急ぐほうがよいとされるであろう．

2. ここでは全患者の中で「実験対象」となる部分は，とくに区別されない．むしろ全患者を対象とする医療行為の過程の中で，薬の効果に関する情報が蓄積され，それによって治療過程を改善していくことが求められているのである．

このような問題状況は，実験の過程においてまず結論を出し，それにもとづいて応用の場で決定を下すという，通常の統計的推測理論や，統計的決定理論の定式化とは異なるものである．

そこで問題は次のように定式化される．働きかけの対象となる N 個のもの（N 人の患者）が存在する．働きかけには k 個の方法（k 種の薬）がある．対象の1つに第 i 種の方法を適用した時の結果は1つの確率変数 $X(i)$ で表される．$X(i)$ の分布は未知母数 θ_i をふくむものとして定式化されている．すべての対象についてその結果は互いに独立に同じ確率分布にしたがうと仮定する．第 j 番目の対象に対して採用された方法を i_j 番目とすれば，その結果は $X_j = X_j(i_j)$ と表される．i_j を選択する際には，それまでの結果 $X_1, \cdots, X_{j-1}$ を参照することができる．すなわち一般にそれは $X_1, \cdots, X_{j-1}$

の関数として定義される．

結果については，その評価関数 $r(X)$ が定義される．目的は N 個の対象についての結果の評価の合計

$$R = \sum_{j=1}^{n} r(X_j)$$

あるいは，その期待値 $P = E(R)$ をなるべく大きくすることである．よりくわしくいえば未知母数 $\theta_1, \cdots, \theta_k$ のすべての値に対して

$$\rho(\theta_1, \cdots, \theta_k) = E\bigl(R(\theta_1, \cdots, \theta_k)\bigr)$$

をなるべく大きくするような，選択方式を求めることが問題である．

$\theta_1, \cdots, \theta_k$ に関して事前分布が想定されているならば，ベイズ法によって，最適解を求めることができる．すなわち $\theta_1, \cdots, \theta_k$ の事前分布の密度関数を $\pi(\theta_1, \cdots, \theta_k)$ とすれば

$$\iint \rho(\theta_1, \cdots, \theta_k) \pi(\theta_1, \cdots, \theta_k) d\theta_1 \cdots d\theta_k$$

を最大にするようにすればよい．

この問題は一般に動的計画法(dynamic programming)の考え方によって解くことができる．すなわちまず最後の N 番目の対象については，$X_1, \cdots, X_{N-1}$ の値に依存する事後確率分布 $\pi_{N-1}^*(\theta_1, \cdots, \theta_k)$ を求め，さらにそこから周辺密度 $\pi_{N-1}^*(\theta_i)$ を計算し，

$$\rho_N^*(i) = \int E(r(X)|\theta_i) \pi_{N-1}^*(\theta_i) d\theta_i \qquad i = 1-k$$

を求める．その最大値を

$$\bar{\rho}_N^* = \rho_N^*(i^*) = \max_i \rho_N^*(i^*)$$

とするとき $i(N) = i^*$ とすればよい．

次に一つ前の $N-1$ 番目の対象については，$X_1, \cdots, X_{N-2}$ にもとづく事後分布を $\pi_{N-2}^*(\theta_1, \cdots, \theta_k)$ とし，

$$\rho_{N-1}^*(i) = \int \bigl(E(r(X)|\theta_i) + E(X|\theta_i^*)\pi_{N-2}^*(\theta_1, \cdots, \theta_k)\bigr) d\theta_1 \cdots d\theta_k$$
$$i = 1, \cdots, k \tag{6}$$

を最大にする i を選べばよい．ここで第2項は N 番目の対象に対して選ば

れる方法 i^* が確率的に定まることから与えられる．

このような方法で順次 $N-2, N-3$ とさかのぼって定めていけばよい．

このような方法により，原理的にはベイズ解が計算可能であるが，しかし一般的な問題設定の中では，現実にはそれを実際に計算することは極めて困難である．

上記の(6)における2つの項の中で，第1項は当面の選択における期待利益を表わし，第2項はその選択によって得られた情報を加えた後，次回以降の選択によって得られる期待利益を表わしていることに注意しよう．もし第1項だけを基準として選択を行なうならば，問題はいちじるしく簡単となるが，それでは情報が偏ってしまい，誤った選択を続ける危険が生じるのである．

このような形の問題は，すでにかなり以前から定式化され，いろいろ散発的な結果は得られているが，まだ体系的な理論はほとんど作り上げられていない．

そこで以下いくつかの簡単な場合について，若干の結果をのべよう．

そもそも上記のような定式化では，実験は完全に逐次的に行なわれる．すなわち j 番目の対象に対する実験は，それまでの実験の結果をすべて利用して決定することとされている．しかしこのような形の問題を数学的に取り扱うことは極めて困難であるのみならず，現実にもその実行は難しい．より簡単には N 人の対象者の中から，まず n 人を選んで実験を行ない，その結果によって残りの $N-n$ 人に対する処置法を選択することが考えられる．その際の問題は n を適当に選ぶこと，その中での実験の仕方を決めることである．

最も簡単な場合として $k=2$ の場合を考えよう．そうして実験の対象となる n 人について最初の n_1 に第1の処置法を，次の $n_2=(2n-n_1)$ 人に第二の処置法を適用するものとする．そうして

$$\bar{W}_1 = \frac{1}{n_1}\sum_{j=1}^{n_1} w(X_j)$$

$$\bar{W}_2 = \frac{1}{n_2}\sum_{j=n_1+1}^{n_1+n_2} w(X_j)$$

を比較し，$\bar{W}_1 \geq \bar{W}_2$ ならば残りの $N-n$ 人について第1の処置法を，$\bar{W}_1 < \bar{W}_2$ ならば第2の処置を適用するものとする．そうすると
$$\mu_1 = E_{\theta_1}(W(X)) \qquad \mu_2 = E_{\theta_2}(W(X))$$
とおくとき
$$W = E(W) = n_1\mu_1 + n_2\mu_2 + (N-n)\{\mu_1 P(\bar{W}_1 \geq \bar{W}_2) + \mu_2 P(\bar{W}_1 < \bar{W}_2)\}$$
ここで $\mu^* = \max(\mu_1, \mu_2)$ とすると，最良の選択によって得られる結果は $N\mu^*$ であるから，
$$\rho = N\mu^* - w$$
をリグレット（Regret）と呼び，その値をなるべく小さくすることを考える．いま $\mu_1 \geq \mu_2$ とすると，
$$\rho = (\mu_1 - \mu_2)(n_2 + (N-n)P(\bar{W}_1 < \bar{W}_2))$$
$\mu_1 < \mu_2$ とすると
$$\rho = (\mu_2 - \mu_1)(n_2 + (N-n)P(\bar{W}_1 > \bar{W}_2))$$
いま $\sigma_1^2 = V_{\theta_1}(W(X)),\quad \sigma_2^2 = V_{\theta_2}(W(X))$ とおき，n_1, n_2 がある程度大きいとすれば，$\bar{W}_1, \bar{W}_2$ の分布を正規分布で近似できる．

さらに結果は $X_j = 1, 0$ である．すなわち X_j は互いに独立に，$P\{x_j = 0\} = p_1$ または p_2 となるベルヌーイ試行を表わすとすれば，目的は $W = \sum_{j=1}^{n} X_j$ となるべく大きくすることである．今
$$Y_1 = \sum_{j=1}^{n} X_j, \quad Y_2 = \sum_{j=n+1}^{n_1+n_2} X_j, \quad \hat{p}_1 = \frac{Y_1}{n}, \quad \hat{p}_2 = \frac{Y_2}{n}$$
とし，残りの $N-n$ 人について $\hat{p}_1 \geq \hat{p}_2$ ならば第一の処置法を，$\hat{p}_1 < \hat{p}_2$ ならば第2の処置法を施すものとする．そうすると，
$$E(W) = n_1 p_1 + n_2 p_2 + (N-n)\{p_1 P(\hat{p}_1 \geq \hat{p}_2) + p_2 P(\hat{p}_1 < \hat{p}_2)\}$$
となる．そこで $p^* = \max(p_1, p_2)$ とすると最良の選択によって得られる結果は Np^* であるからリグレットは
$$R = Np^* - E(W)$$
となり，それをなるべく小さくするような n_1, n_2 を求める．もちろんその値は p_1, p_2 によって変化するから，p_1, p_2 のあらゆる値に対する R の最大値を最小にするミニマックス解を求めることを考える．

$p_1 \geq p_2$ のとき

$$R \simeq (p_1 - p_2)\{n_2 + (N-n)P(\hat{p}_1 < \hat{p}_2)\}$$

$p_1 < p_2$ のとき

$$R \simeq (p_2 - p_1)\{n + (N-n)P(\hat{p}_1 \geq \hat{p}_2)\}$$

である．Y_1, Y_2 は2項分布に従うから，n_1, n_2 がある程度大きいとして正規分布は近似することができる．そこで

$$\triangle \simeq \frac{|p_1 - p_2|}{\sqrt{\dfrac{p_1(1-p_1)}{n_1} + \dfrac{p_2(1-p_2)}{n_2}}}$$

とおけば

$$R(p_1, p_2) \simeq |p_1 - p_2|\{n_i + (N-n)(1 - \varPhi(\triangle))\}$$

ただし $\begin{cases} i = 2 & p_1 \geq p_2 \\ i = 1 & p_1 < p_2 \end{cases}$ のとき

また

$$\varPhi(u) = \int^u \phi(v)dv = \frac{1}{\sqrt{2\pi}} \int^u e^{-\frac{v^2}{2}} dv$$

とする．問題は p_1, p_2 に関して対称だからミニマックス解においては，$n_1 = n_2 = n/2$ となる．またそのとき $|p_1 - p_2| = \delta$ が与えられたとき $R(p_1, p_2)$ の値は $\triangle$ が大きいほど小さくなるが，

$$\frac{\delta^2}{\triangle^2} = \frac{2}{n}\left(p_1(1-p_1) + p_2(1-p_2)\right)$$
$$= \frac{2}{n}\left((p_1 + p_2) - (p_1^2 + p_2^2)\right)$$
$$= \frac{1}{n}\left(2(p_1 + p_2) - (p_1 + p_2)^2 - \delta^2\right)$$

となるから $\triangle^2$ は $p_1 + p_2 = 1$ のとき，すなわち

$$p_1 = \frac{1}{2}(1 \pm \delta) \quad p_2 = \frac{1}{2}(1 \mp \delta)$$

のとき最小となる．したがって

$$\sup_{0 \leq p_1, p_2 \leq 1} R(p_1, p_2) \simeq \sup_{0 \leq \delta \leq 1} \delta\left\{\frac{n}{2} + (N-n)\left(1 - \varPhi\left(\sqrt{\frac{n}{1-\delta^2}}\delta\right)\right)\right\}$$

と表わすと

$$\psi(\delta) = \delta\left\{\frac{n}{2} + (N-n)\left(1 - \Phi\left(\sqrt{\frac{n}{1-\delta^2}}\delta\right)\right)\right\}$$

$$\psi'(\delta) = \frac{n}{2} + (N-n)\left(1 - \Phi\left(\sqrt{\frac{n}{1-\delta^2}}\delta\right)\right)$$
$$- (N-n)\frac{\sqrt{n}\delta}{(1-\delta^2)^{\frac{3}{2}}}\phi\left(\sqrt{\frac{n}{1-\delta^2}}\delta\right)$$

ここで $\xi = \sqrt{N}\delta/\sqrt{1-\delta^2}$ とおきかえると

$$\psi'(\delta) = \frac{n}{2} + (N-n)(1-\Phi(\xi)) - (N-n)\left(1 + \frac{\xi^2}{n}\right)\xi\phi(\xi)$$

$\psi'(0) > 0$ $\psi'(1-) > 0$ であることがわかるが，n がある程度大きければ，$\psi'(\delta_2) = \psi'(\delta_2) = 0$ となる $0 < \delta_1 < \delta_2 < 1$ が存在することが示され

$$\sup_{\delta}\psi(\delta) = \max\{\psi(\delta_1), \psi(1)\}$$
$$= \max\left\{\psi(\delta_1), \frac{n}{2}\right\}$$

となる．そこで $\sup\psi(\delta)$ を最小にするように n を定めるには

$$\psi(\delta_1) = \frac{n}{2}$$

ただし δ_1 は $\psi'(\delta_1) = 0$ の小さいほうの根とすればよい．$\xi_1 = \sqrt{n}\delta_1/\sqrt{1-\delta_1^2}$ とすると $\delta_1 = \xi_1/\sqrt{n+\xi_1^2}$ であるから $n/N = f$ とおくと上の2つの条件は，

$$\frac{\xi_1}{\sqrt{n+\xi_1^2}}\{f + 2(1-f)(1-\Phi(\xi_1))\} = f$$
$$\left(1 + \frac{\xi_1^2}{n}\right)\xi_1\phi(\xi_1) - (1-\Phi(\xi_1)) = \frac{1}{2(f-1)}$$

となるので，この連立方程式から f_1，したがって N に対応する n が求められる．$N \to \infty$ となる $n \to \infty$ $f \to \infty$ となることがわかる．したがって N が大きければ，ほぼ

$$f \simeq \frac{2\xi_1}{\sqrt{n}}(1-\varPhi(\xi_1))$$

$$\xi_1\varPhi(\xi_1)-(1-\varPhi(\xi_1))\simeq 0$$

となり，これから $\xi_1=0.752$

$$f \simeq 0.340 n^{-\frac{1}{2}} = \frac{n}{N}$$

$$n \simeq 0.487 N^{\frac{2}{3}}$$

となる．また $\sup R = n/2 \simeq 0.244 N^{\frac{2}{3}}$ となる，有限の N に対応するミニマックス解も与えられているが，ミニマックスリグレットは N が大きければほぼ $0.25 N^{\frac{2}{3}}$ になる．

この問題において逐次実験方式を導入することにより，効率を良くすることができる．次のような方式を考える．

2つの処理法を順次1つずつの対象に対し施し，その結果を (X_{11}, X_{12}) $(X_{21}, X_{22})\cdots$ とする．そうして

$$Y_{1n}=\sum_{i=1}^n X_{i1}, \quad Y_{2n}=\sum_{i=1}^n X_{i2}$$

とする．k をあらかじめ与えた定整数とし，

$$|Y_{1n}-Y_{2n}|<k$$

の間は実験を続け，$Y_{1n}-Y_{2n}=k$ となったら残りの $N-2n$ の対象には第1の処理法を $Y_{1n}-Y_{2n}=-k$ となったら残りに第2の処理法を施す．

そうすると $p_1 \geq p_2$ のとき

$$R=(p_1-p_2)E(n+(N-2n))P(Y_{1n}-Y_{2n}=-k)$$

$p_1<p_2$ のとき

$$R=(p_2-p_1)E(n+(N-2n))P\{(Y_{2n}-Y_{2n}=k)\}$$

となる．ここで n が確率変数であることに注意しよう．この場合 R を最大にするような $p_1\,p_2$ の組み合わせは $p_1+p_2=1$ の場合であることが示される．そうして前と同様に

$$p_1=\frac{1\pm\delta}{2}, \quad p_2=\frac{1\mp\delta}{2} \quad (\delta>0)$$

とおき，また $r=(1-\delta)^2/(1+\delta)^2$ と表わすと，この場合

$$R = R(\delta) = N\delta\left(\frac{r^k}{1+r^k}\right) + k\left(\frac{1-r^k}{1+r^k}\right)^2$$

となることがわかるから，$\sup_{0\leq\delta\leq 1} R(\delta)$ を最小にするように k を決める．

$\delta \to 1$ のとき $R(\delta)$ は k に近づく $\delta=1$ の近傍で $R(\delta)$ は減少関数になっているから $\sup R(\delta) = R(\delta^*)$ とすれば $0 < \delta^* < 1$ で $R'(\delta^*) = 0$ になる．$z = (1-r^k)/(1+r^k)$ とおけば

$$R(\delta) = \frac{N\delta}{2}(1-z) + kz^2$$

となり

$$R'(\delta) = (1-z)\left(\frac{N}{2} - \frac{2k}{1-\delta^2}(N\delta - 2kz)(1+z)\right)$$

となるから，$R(\delta_1) = 0$, z_1 を δ_1 に対応する z の値とすると

$$\frac{8k^2 z_1(1+z_1)}{2k\delta_1(1+z_1) - (1-\delta_1^2)} = N$$

となり，そのときの R の値は，

$$R^* = \frac{4k^2 \delta_1 z_1(1-z_1^2)}{2k\delta_1(1+z_1) - (1-\delta_1^2)} + kz_1^2$$

となる．そこでこの値を最小にする k を定めることができる．

N が大きくなれば k も大きくなるので，δ_1 が小さくならなければならないことがわかる．そこで $\delta_1 = \xi_1/k$ とおくと $z_1 \simeq (1-e^{-4\xi_1})/(1+e^{-4\xi_1})$ となり

$$\frac{N}{R^2} \simeq \frac{8z_1(1+z_1)}{2\xi(1+z_1) - 1} = H(\xi_1) \quad (\text{と表わす})$$

$$\frac{R^k}{k} \simeq \frac{4\xi_1 z_1(1-z_1^2)}{2\xi(1+z_1) - 1} + z_1^2 = \frac{1}{2}\xi_1(1-z_1)H(\xi_1) + z_1^2$$

したがって

$$R^2 \simeq \frac{rk}{2}(\xi_1(1-z_1)H(\xi_1) + 2z_1^2)$$

$$\simeq \frac{\sqrt{N}}{2}\left(\xi_1(1-z_1)H(\xi_1)^{\frac{1}{2}} + 2z_1^2 H(\xi_1)^{-\frac{1}{2}}\right)$$

この式は ξ_1 の関数だからそれを最小にする ξ_1 を求めれば，$\xi_1 = \xi_1^2 = 0.552$. そのとき

$$k = k^* = 0.2925 N^{-\frac{1}{2}}$$

$$R^* = 0.375 N^{-\frac{1}{2}}$$

となって，ミニマックスリグレットは $N^{-\frac{1}{2}}$ のオーダーになる.

ここでミニマックスリグレットの下限を求めることができる.

そのために最初から，$p_1 = (1 \pm \delta)/2$, $p_2 = (1 \mp \delta)/2$ であることがわかっているが，δ は未知の場合を考える. この場合試行の結果 X_j, $j = 1, 2, \cdots, n$ に対し，j 番目の対象に第 1 の処理を施した場合には，$Y_j = X_j$，第 2 の処理を施した場合には $Y_j = 1 - x_j$ と定義すれば，つねに $Y_j > j/z$ ならば $j+1$ 番目に第 2 の処理を施すことが ($Y_j = 1/2$ の時はランダムに決める)，δ の値と独立に，最良の逐次決定方式であることがわかる. このような方式については $\sqrt{N}\delta/\sqrt{1-\delta^2} = \xi$ とおくと

$$R \simeq \frac{\sqrt{N}\xi}{\sqrt{1+\xi^2/N}} \times \frac{1}{N} \sum_j \left(1 - \Phi\left(\sqrt{\frac{j}{N}}\xi\right)\right)$$

$$\simeq \sqrt{N}\xi \int_0^1 \left(1 - \Phi(\sqrt{t}\xi)\right) dt$$

$$\simeq \sqrt{N} \left[\xi(1 - \Phi(\xi)) - \psi(\xi) + \frac{1}{\xi}\left(\Phi(\xi) - \frac{1}{2}\right)\right]$$

そこでこの値を最大にする ξ の値を求めると $\xi = \xi^* = 1.247$ となり，$R = R^* \simeq 0.265 N^{-\frac{1}{2}}$ となる. このような限定された範囲でも，ミニマックスリグレットはこれより小さくできないから，これがミニマックスリグレットの下限に与える.

したがって真のミニマックスリグレットは $0.265 N^{-\frac{1}{2}}$ と $0.375 N^{-\frac{1}{2}}$ の間にあることがわかる.

II
多重比較法と多重決定方式

広津千尋

目 次

1 仮説検定方式と多重決定方式　58
2 多重性問題と多重比較法　63
　　2.1　仮説要素集合が特定の構造を持つ場合　64
　　2.2　仮説要素集合に特定の構造を仮定しない一般的方法　74
　　2.3　閉手順検定方式　78
3 閉手順多重決定方式の応用　79
　　3.1　Tukey 型多重比較法への応用　79
　　3.2　符号決め問題の拡張　80
　　3.3　先験的な順序に従った閉手順方式の適用　82
　　3.4　単調性推測　84
　　3.5　データ依存的に順序を決める方法　86
　　3.6　誤発見率コントロール　89
4 信頼区間方式　91
　　4.1　正規分布の平均 μ に関する信頼区間　91
　　4.2　多重決定方式に対応する信頼区間　93
　　4.3　同時信頼区間　94
5 交互作用の多重比較　100
　　5.1　因子の種類と交互作用　100
　　5.2　行(列)ごとの多重比較法定式化　101
　　5.3　経時測定データ解析への応用　103
あとがき　110
参考文献　111

本シリーズの中で筆者に割り当てられた主題は「統計的検定論」である．検定というと目の前にデータがあってそれに機械的に適用される手法のように思われている節もあるが，それはとんでもない間違いで，データを取得する実験計画の段階から考慮されねばならないものである．そもそもデータ取得後に，多数考えられる検定方式から都合のよい方式を選べるなら，検定の有意水準の議論は無意味になってしまう．とくに検定はある仮説の検証目的で用いられることが多いから，検定方式は遅くともデータを見る前に決定しておかねばならない．例えば，用量・反応試験であればどのような用量水準を取り上げ，どのような用量・反応曲線を想定し，最終的に何を明らかにしようとするのかという目的が決まらなければ検定方式も決まらないし，そもそも例数設計も行えず実験そのものが始められない．目的としては単調な用量・反応関係を証明するとか，臨床至適用量を明らかにするといったことが考えられる．さらにこれが新薬開発の臨床試験であれば，目標とする患者集団は何なのか，特性値は血圧等のような計量値なのか，または症状の改善度のようなカテゴリカルデータなのかという問題が伴う．また，この場合の被験者は機械実験のテストピースなどと異なり，性・重症度・年齢等結果に影響を及ぼし得る多数の予後因子を持っており，それをどうコントロールするかという問題もある．

　一方，二者択一型の検定方式は得られる情報量が少なく，推定方式の方が好ましいと説かれることもあるが，実際に R & D (Reseach and Development)のいろいろな過程では，二者択一の決定を迫られる場面も多いのである．中でも，いくつかの考えられる決定の中から適切な1つを選ぶ多重決定方式は，検定と推定の間を埋める統計的方法ともみなすことができ，応用上極めて有用である．そこで本論では，検定の一般論は最小限にとどめ，より目的を明確にした場面で有用ないくつかの検定方式について述べることとする．

1 仮説検定方式と多重決定方式

検定とは,データをもとにパラメータがある想定した値に等しいという帰無仮説 H_0 の真偽を判定する統計的方法である.ただしその構成上,H_0 の棄却は意味を持つが,採択はあまり意味をなさない.また,検定を構成するには H_0 からの乖離の方向(対立仮説 H_1)を想定することが大事である.H_0 はパラメータの具体的な値,あるいは取り得る範囲として与えられる場合と,パラメータの簡単な構造として与えられる場合とがある.線形模型の推定空間が,より低い次元で表せるという仮説は後者の例であり,前者は後者の特別の場合と解釈することもできる.

今,簡単な繰り返し測定のモデル

$$y_i = \mu + \varepsilon_i, \quad i = 1, \cdots, n$$

を考え,誤差 ε_i は互いに独立に正規分布 $N(0, \sigma^2)$ に従って分布しているとする.ただし,しばらくのあいだ分散 σ^2 は既知であるとする.ここで

$$\text{帰無仮説 } H_0 : \mu = \mu_0 \tag{1}$$

を

$$\text{対立仮説 } H_1 : \mu = \mu_1 \tag{2}$$

に対して検定する問題を考える.ただし,μ_0 は,例えば従来の工程平均,μ_1 は工程に何らかの変更を加えたときの平均で μ_0 とは異なるある値である.検定は標本空間内に H_0 よりは H_1 を支持する領域 R を設定し,データ $\boldsymbol{y} = (y_1, \cdots, y_n)'$ が R に属するとき H_0 を棄却するという方式で行われる.ただしプライムはベクトルの転置を表す記号として本書を通して用いる.R は棄却域と呼ばれ,その特性は次の 2 つの確率で規定される.

第 1 種の過誤の確率 $\Pr(\boldsymbol{y} \in R | H_0) : H_0$ が真のときにこれを誤って棄却する確率

… 工程に変化がないのに変わったと思い込むあわて者の誤り.

第 2 種の過誤の確率 $\Pr(\boldsymbol{y} \notin R | H_1) : H_0$ が真でないのにこれを棄却で

きない確率

　… 工程に変化が生じているのにそれを見過ごしてしまううっかり者の誤り．

　たとえば，R を標本空間全体にとることにより第 2 種の過誤の確率は 0 にできるが，そのときは第 1 種の過誤の確率が 1 になる．逆に R を空にすれば第 1 種の過誤の確率は 0 になるが，第 2 種の過誤の確率は 1 になる．そこでこれら無意味な棄却域を排除する一つの接近法は，第 1 種の過誤の確率に上限 α を設け，そのもとで第 2 種の過誤の確率を最小にすることである．上限 α は検定の有意水準と呼ばれ，$\alpha = 0.05$ または 0.01 にとることが多い．

　検出力を
$$\Pr(\boldsymbol{y} \in R | H_1) = 1 - \Pr(\boldsymbol{y} \notin R | H_1)$$
と定義すれば，この接近法は
$$\Pr(\boldsymbol{y} \in R | H_1) \to \max, \quad \text{under} \quad \Pr(\boldsymbol{y} \in R | H_0) \leq \alpha$$
という最適化問題を解くことに帰着する．このような棄却域は最強力検定(の棄却域)と呼ばれる．

　最強力検定の棄却域は次のよく知られたネイマン–ピアソン(Neyman-Pearson)の基本定理で与えられる．

定理 1　ネイマン–ピアソンの基本定理：$\boldsymbol{y}$ が密度関数 $f(\boldsymbol{y}, \mu)$ に従っているときに
$$\text{帰無仮説 } H_0 : \mu = \mu_0$$
を
$$\text{対立仮説 } H_1 : \mu = \mu_1$$
に対して検定するための最強力検定の棄却域は
$$R : \frac{f(\boldsymbol{y}, \mu_1)}{f(\boldsymbol{y}, \mu_0)} > c \tag{3}$$
で与えられる．ただし定数 c は
$$\Pr(\boldsymbol{y} \in R | H_0) = \alpha \tag{4}$$
から定められる．

　式(3)はデータ $\boldsymbol{y}$ が $\mu = \mu_0$ より μ_1 を支持する方向にあること，式(4)は

第1種の過誤の確率が α に等しいことを意味する.

有意水準 α が第1種の過誤の確率の上限を意味するのに対し,検定が実際に持つ第1種の過誤の確率は検定の大きさ,あるいは危険率と呼ばれる.検出力を上げるために,検定の大きさは式(4)のように有意水準いっぱいにとるのが望ましいが,y の分布が離散的な場合は,それは一般的に不可能である.

ここで(1), (2)のように仮説がパラメータ空間の1点で与えられるような場合を単純仮説という.例えば,対立仮説が

$$H_2 : \mu > \mu_0 \tag{5}$$

のように範囲あるいは複数の点で与えられるような場合は一般に複合仮説といい,(5)式はとくに(右)片側対立仮説と呼ばれる.複合仮説の場合に,想定した対立仮説の全域で最強力となる検定が得られる場合があり,一様最強力検定と呼ばれる.

例 2.1 定理1において,具体的に $f(y, \mu)$ として正規分布 $N(\mu, \sigma^2)$ を仮定し,$\mu_1 > \mu_0$ としてみよう.このとき,(3)式は c' を適当な定数として

$$R : (\mu_1 - \mu_0)\bar{y} > c'$$

となる.ただし,$\bar{y}$ はデータの平均である.今,$\mu_1 - \mu_0 > 0$ だからこれは

$$R : \bar{y} > c''$$

に等しい.結局,有意水準 α の条件から棄却域

$$R = \frac{\bar{y} - \mu_0}{\sigma/\sqrt{n}} > K_\alpha \tag{6}$$

が得られる.ただし,K_α は標準正規分布の上側 α 点である.(6)式は $\mu_1 > \mu_0$ である限り,特定の μ_1 の値には依らないから,対立仮説 H_2(5)に対する一様最強力検定である.

一方,両側対立仮説

$$H_3 : \mu \neq \mu_0$$

に対する一様最強力検定が存在しないことは明らかである.なぜなら,左片側対立仮説

$$H_2' : \mu < \mu_0$$

に対しては,

$$R' : \frac{\bar{y} - \mu_0}{\sigma/\sqrt{n}} < -K_\alpha \qquad (7)$$

が一様最強力検定を与え，一方，先の右片側最強力検定 R は，$\mu < \mu_0$ に対しては検出力が α より小さくなってしまう．つまり，H_3 の全域で一様最強力となる検定は存在しないわけである．

そこで，対立仮説のもとで検出力が α より小さくならないこと——検定に関する不偏性——を要求して，そのようなものの中で検出力が最大のものを探すと，棄却域

$$R_2 : \frac{|\bar{y} - \mu_0|}{\sigma/\sqrt{n}} > K_{\alpha/2} \qquad (8)$$

が得られる．棄却域 R_2 は $\mu(\neq \mu_0)$ の特定の値によらないので，一様最強力不偏検定と呼ばれる．

さて，ここで大上段に帰無仮説，対立仮説をふりかざすのをやめて，パラメータ空間を

$$\begin{aligned} K_1 &= H_2 : \mu > \mu_0 \\ K_2 &= H_0 : \mu = \mu_0 \\ K_3 &= H_2' : \mu < \mu_0 \end{aligned} \qquad (9)$$

と分割し，信頼率 $1-\alpha$(危険率 α)で採択される分割を決定しよう．このような方式は二者択一の検定方式と異り，多重決定方式と呼ばれる．$\mu_0 = 0$ の場合，これは符号決め問題と呼ばれるが，一般の μ_0 についても原点の平行移動だけで問題の本質は変らない．そこで簡単のため，変数 x が正規分布 $N(\theta, 1)$ に従うとしてパラメータスペースの分割

$$\begin{aligned} K_1 &: \theta > 0 \\ K_2 &: \theta = 0 \\ K_3 &: \theta < 0 \end{aligned}$$

を考える．ここで，K_1, K_2, K_3 それぞれに対し，対立仮説

$$\begin{aligned} K_1' &: \theta \leq 0 \\ K_2' &: \theta \neq 0 \\ K_3' &: \theta \geq 0 \end{aligned}$$

を想定すると，既に述べたように，$(K_1 \text{ vs. } K_1')$, $(K_3 \text{ vs. } K_3')$ に対しては

一様最強力検定，$(K_2$ vs. $K_2')$ に対しては一様最強力不偏検定が存在し，有意水準 α の棄却域がそれぞれ

$$R_1' : x \leq -K_\alpha$$
$$R_2' : |x| > K_{\alpha/2}$$
$$R_3' : x \geq K_\alpha$$

で与えられる．逆に，信頼率 $1-\alpha$ の採択域は

$$A_1 : x > -K_\alpha$$
$$A_2 : |x| \leq K_{\alpha/2}$$
$$A_3 : x < K_\alpha$$

となる．ある x に対して採択される仮説を寄せ集めても信頼率 $1-\alpha$ が低下することはないから次のような決定の信頼率は $1-\alpha$ である(図1，2および竹内，1973 参照)．

$$\begin{array}{rcll}
x > K_{\alpha/2} & \to & K_1 & : \theta > 0 \\
K_\alpha \leq x \leq K_{\alpha/2} & \to & K_1, K_2 & : \theta \geq 0 \\
-K_\alpha < x < K_\alpha & \to & K_1, K_2, K_3 & : \theta \lesseqgtr 0 \\
-K_{\alpha/2} \leq x \leq -K_\alpha & \to & K_2, K_3 & : \theta \leq 0 \\
x < -K_{\alpha/2} & \to & K_3 & : \theta < 0
\end{array}$$

帰無仮説 $\theta = 0$ の真偽を問う二者択一の検定方式に替わるこのような多重決定方式は魅力的であろう．

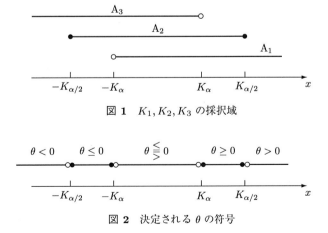

図 1 K_1, K_2, K_3 の採択域

図 2 決定される θ の符号

2 多重性問題と多重比較法

 もうだいぶ前の話になるが，1980年代の初めに，日本の各製薬メーカーから米国 FDA（Foods and Drug Administration）に対してなされた新薬承認申請が様々な多重性問題に対する統計解析の不備を理由に次から次へと却下されるということがあった．その中の一つは統計学においてはすでに1960年前後に展開された多重比較法に関するものであったが，当時日本ではごく少数の専門書のみで扱われ，一般にはほとんど知られていなかったため相当な混乱を招いてしまったのである．

 その他に問題とされた中には冒頭に述べた多手法の適用があり，当時は例えば2群比較の場合に t 検定の結果と Wilcoxon 検定の結果を併記することなどが行われていた．これでは検定の有意水準が無意味となり，文句を言われても仕方がない．現在はデータ取得以前，あるいは二重盲検試験の場合には遅くとも開鍵前に統計解析手法を明記することが定められている．

 臨床試験では多特性も重要な問題である．例えば血圧のように単純な測定値を例にとっても，収縮期と拡張期血圧のどちらが問題なのか，220 mmHg から 30 mmHg 下げたのと 190 mmHg から 30 mmHg 下げたのを同じ効果（−30 mmHg）として扱ってよいのか，むしろ正常値に戻せたか否かの2値データの方が意味があるのではないか，日内変動（健常者は夜間 15 mmHg ほど低下）をどう処理するかなど多くの問題がある．事後的に当該新薬に最も有利な特性値を選択するのは明らかに上方バイアスを生じ適切でない．従って主たる解析特性値は，試験の開始前に決定し，試験計画書に明記しておく必要がある．

 さらに Armitage and Palmer(1986)では最も始末の悪い多重性問題として層別解析を挙げている．たとえば感染症に対する抗生物質の新薬と対照薬（標準薬）の効果が急性患者と慢性患者で逆転することがある．これは統計的には薬剤と急性・慢性という患者層別との交互作用の問題であるが，

事後的に当該新薬に有利な層のみを取り上げて有効性を主張することは許されない．前もって十分な根拠を基に想定された交互作用が当該試験で証明されたのならばよいが，予測されていなかった交互作用が生じた場合は，そこで新たな仮説が提示されたと考え，あらためて別の臨床試験で証明する必要があるのである．

一方，統計学で研究されてきた多重比較法とは，3 群以上の母平均比較で生じる多自由度の処理法の問題といえる．例えば 1 元配置
$$y_{ij} = \mu_i + \varepsilon_{ij}, \quad i = 1, \cdots, a; j = 1, \cdots, n_i,$$
ε_{ij}：互いに独立に正規分布 $N(0, \sigma^2)$ に従う，
の設定で，総括的な帰無仮説
$$H_0 : \mu_1 = \cdots = \mu_a \tag{10}$$
はいろいろな仮説要素に分解できる．例えば，最初に考えられたのは，H_0 を対比較の仮説集合
$$H_{i,j} : \mu_i = \mu_j, \quad 1 \leq i < j \leq a$$
として捉える方法である．このような場合，個々の仮説要素を有意水準 α で検定すると，H_0 の検定としてみた場合には著しく危険率が増大し，偽陽性を生じるのは明白である．そこで，適切な手当が必要であるが，以下ではこの例のように仮説要素集合が特定の構造を持つ場合に知られているいくつかの方法，特別な構造を持たない場合の一般的方法そして，仮説要素に分解しながら個々の仮説要素を有意水準の調整なしに検定できる場合について順に述べる．

2.1 仮説要素集合が特定の構造を持つ場合

(a) すべての対比較を対象とする Tukey 法

仮説要素集合
$$H_{ij} : \mu_i = \mu_j, \quad 1 \leq i < j \leq a \tag{11}$$
を考える．(10)式のような H_0 を想定すると，検定で有意な結果が得られても単に平均の一様性が否定されるだけで，どれかの処理水準が他より有意に優れているとか劣っているとかいう実際に知りたい情報は得られない．

そこで(11)式のような対比較の方が実際の場にはなじむが，一方 H_{ij} に対し，単に最適な検定である t 検定を繰り返し適用したのでは多大な偽陽性を生じてしまう．そこで t 統計量の最大，$\max_{ij} t_{i,j}$，

$$t_{ij} = \frac{|\bar{y}_i - \bar{y}_j|}{\sqrt{\left(\dfrac{1}{n_i} + \dfrac{1}{n_j}\right)\hat{\sigma}^2}},$$

$$\hat{\sigma}^2 = \frac{\sum_i \sum_j (y_{ij} - \bar{y}_i)^2}{n-a}$$

を検定統計量とし，その分布に基づいて有意確率を評価するのが Tukey 法である．ただし，本書を通してドット(・)およびバー(‾)は当該添字に関する合計および平均を表すこととし，自明な場合は適宜省略する．例えば

$$\bar{y}_i = \bar{y}_{i\cdot} = \frac{y_{i1} + \cdots + y_{in_i}}{n_i},$$

$$n = n_{\cdot} = n_1 + \cdots + n_a$$

である．Tukey 法についてはすべての n_i が等しい時に％点の表が作られており，繰り返し数が不揃いの場合もその表の適用が極めて精度がよく，かつ保守的な検定を与えることが証明されている(Hayter, 1984)．一方，繰返し数が等しい場合には，水準数 a にかかわらず観測値 t_0 に対する有意確率

$$\Pr\{\max t_{i,j} > t_0 | H_0\}$$

を2重積分($\hat{\sigma}$ に関する積分を除いて)で計算する方式も得られている(Hochberg and Tamhane, 1987)．

(b) すべての対比を対象とする Scheffé 法

(10)式はあらゆる対比集合に関する帰無仮説

$$H_l : l'\boldsymbol{\mu} = 0, \quad {}^\forall l'\boldsymbol{j} = 0 \tag{12}$$

とも同値である．ただし，$\boldsymbol{\mu} = (\mu_1, \cdots, \mu_a)'$，$\boldsymbol{j} = (1, \cdots, 1)'$ である．

(12)式に対する t 統計量は観測値平均ベクトルを $\bar{\boldsymbol{y}} = (\bar{y}_1, \cdots, \bar{y}_a)$ として，

$$t_l = \frac{l'\bar{y}}{\sqrt{l'\operatorname{diag}(n_i^{-1})l\hat{\sigma}^2}}$$

で与えられる．ここで，$l'j = 0$ であることにより，

$$(l'\bar{y})^2 = l'\operatorname{diag}(n_i^{-1/2})\operatorname{diag}(n_i^{1/2})(\bar{y} - \bar{y}j)$$
$$\leq \{l'\operatorname{diag}(n_i^{-1})l\}\{\sum_i n_i(\bar{y}_i - \bar{y})^2\}$$

が成り立つ．ただし，$\bar{y}$ は観測値の総平均であり，不等号は Schwarz の不等式による．これより，

$$t_l^2 \leq \frac{\sum_i n_i(\bar{y}_i - \bar{y})^2}{\hat{\sigma}^2} \tag{13}$$

が得られるが，(13)式右辺を $a-1$ で除した統計量は自由度 $(a-1, n-a)$ の F 統計量に他ならない．従って Scheffé 法の最大統計量は F 分布を用いて評価できる．Scheffé 法と Tukey 法の比較については，例えば Scheffé(1953)，廣津(1976)等を参照されたい．

(c) 標準処理との差を対象とする **Dunnett 法**

臨床試験では，プラセボ(偽薬)や標準薬のように対照(control)と呼ばれる処理が存在し，それと他の処理を逐一比較するという設定が考えられる．その場合の仮説要素集合は，第1水準を対照として次のように表される．

$$H_{i1} : \mu_i = \mu_1, \quad i = 2, \cdots, a \tag{14}$$

(14)式に対応する t 統計量は

$$t_{i1} = \frac{\bar{y}_i - \bar{y}_1}{\sqrt{\left(\dfrac{1}{n_1} + \dfrac{1}{n_i}\right)\hat{\sigma}^2}}$$

で与えられ，検定は $\max_i t_{i1}$ の分布に基づいて行われる．$\max_i t_{i1}$ の％点は，対照以外の繰り返し数が等しい $(n_2 \cdots n_a)$ 場合に，Dunnett により数表として与えられている．一方，現在は繰り返し数不揃いの場合も含めて，有意確率を計算する2重積分($\hat{\sigma}$ に関する積分を除いて)公式が知られている(Hochberg and Tamhane, 1987)．

(d) 単調対比を対象とする最尤法

用量・反応試験の場合には母平均の間に単調な関係

$$H_\mathrm{m}: \mu_1 \leq \mu_2 \leq \cdots \leq \mu_a \quad (少なくとも1個の不等号は厳密) \quad (15)$$

が想定される場合が多い．(15)式のような制約下での推測論は単調推測（isotonic inference）と呼ばれ，(制約付)最尤法をはじめ，様々な手法が提案されている．そのうち，最尤法ベースの多重比較法をここで，累積 χ^2 の最大成分に基づく max acc. t 法について(e)項で述べる．

(15)式のような不等式の制約下での最尤推定量は正規分布モデルの場合，いわゆる単調回帰（isotonic regression）で求められる．具体的に，観測値 $\bar{y}_i$ のうち，不等式(15)を満たさない部分について，相隣る平均を繰返し数を荷重とする荷重平均で置き替える（pool adjacent method）．この操作を，(15)式が満たされるまで続けて得られた $y_i^*, i=1,\cdots,a (y_1^* \leq y_2^* \leq \cdots \leq y_a^*)$ が μ_i の最尤推定量である．ここで Williams 法(1971)とは

$$H_{i1}: \mu_i = \mu_1$$

を，$i = a$ から始めて

$$\frac{(y_i^* - \bar{y}_1)}{\hat{\sigma}} \quad (16)$$

に基づいて降べきの順に，有意でない結果が得られるまで検定を続ける方式である．今，$i = i^*$ で初めて有意でない結果になったとしたら，$\mu_a, \cdots, \mu_{i^*+1} > \mu_1$ を結論として手順を終える．

Marcus(1976)は(16)式において，$\bar{y}_1$ を μ_1 に対する最尤推定量 y_1^* で置き換えた統計量に基づく方法を提案し，それは修正 Williams 法と呼ばれている．われわれのシミュレーション結果では，多くの場合修正 Williams 法の検出力の方が高いことが確かめられている．これらの分布論は難解で，従来繰り返し数が等しい場合にのみ，数表に基づいた検定が行われていた．しかしながら，ごく最近，Kuriki, Shimodaira and Hayter(2002)により，有意確率計算のアルゴリズムが与えられ，繰り返し数不揃いの場合にも適用可能になった．

(e) 単調対比を対象とする max acc. t 法

(15)式のような不等式制約下では,最尤法は自明な最適性を持たず,また,ごく最近まで最尤推定量から構成される検定統計量の分布の数値計算が困難であった.そこで尤度比検定に替る種々の方法が提案されているが,その一つに累積 χ^2 統計量

$$\chi^{*2} = \sum_i \frac{t_i^2}{\hat{\sigma}^2}, \tag{17}$$

$$t_i = \frac{Y_i^*/N_i^* - Y_i/N_i}{\sqrt{\left(\dfrac{1}{N_i} + \dfrac{1}{N_i^*}\right)}}, \tag{18}$$

$$Y_i = y_{1\cdot} + \cdots + y_{i\cdot},\ Y_i^* = y_{i+1\cdot} + \cdots + y_{a\cdot},$$
$$N_i = n_1 + \cdots + n_i,\ N_i^* = n_{i+1} + \cdots + n_a$$

に基づく方法がある.この統計量は尤度比検定に比べ簡便かつ非常に精度のよい近似分布が得られる(Hirotsu, 1979)こと,また後で述べるように交互作用や分割表解析のようなより複雑な場合にも容易に応用できるなどの利点を持っている.とくに χ^{*2} の最大成分

$$\max_i \frac{t_i}{\hat{\sigma}}$$

に基づく多重比較法は Williams 法と同じ設定で用いられ,用量・反応が大きく変化する点を検出するのに適した手法であることが確かめられている(Hirotsu, Kuriki and Hayter, 1992).この方法を max acc. t 法(acc. は accumulated の略)と呼ぶが,紛らわしくないときは max t 法と略記する.max t 法にはその成分,$t_1, t_2, \cdots, t_{a-1}$ の間に Markov 性が成り立つことから,正確で効率のよい p 値計算アルゴリズムが得られることもこの手法を使い易くしている.この手法は数理的バックグラウンドが明確で使い易いにもかかわらず,(a)〜(d)に述べた各手法に比べると他書であまり扱われていないので基本的な性質を以下に述べておく.なお,max t 法は単調制約下での単調対比同時信頼区間の構成にも極めて具合の良い方式である(4.3 節(d)).

そもそも，χ^{*2} が(15)式のような単調仮説に対して合理的であることは検定に関する本質的完全類に由来する．まず，(15)式を差分行列

$$D_a' = \begin{bmatrix} -1 & 1 & 0 & 0 & \cdots & 0 & 0 \\ 0 & -1 & 1 & 0 & \cdots & 0 & 0 \\ \vdots & \vdots & \vdots & \vdots & \ddots & \vdots & \vdots \\ 0 & 0 & 0 & 0 & \cdots & -1 & 1 \end{bmatrix}_{a-1 \times a} \tag{19}$$

を用いて

$$D_a'\boldsymbol{\mu} \geq \boldsymbol{0} \tag{15'}$$

と表す．ただし，ベクトルの不等式は各要素ごとの不等式とする．このとき σ^2 を既知とすると，H_m に対する検定の完全類は

$$\begin{aligned}&(D_a'D_a)^{-1}D_a'\{\mathrm{Var}(\bar{\boldsymbol{y}})\}^{-1}\{\bar{\boldsymbol{y}} - E_0(\bar{\boldsymbol{y}}|y)\} \\ &= (D_a'D_a)^{-1}D_a'\left\{\mathrm{diag}\left(\frac{\sigma^2}{n_i}\right)\right\}^{-1}(\bar{\boldsymbol{y}} - \bar{y}\boldsymbol{j})\end{aligned} \tag{20}$$

の各要素に関して単調増大，かつ凸な棄却域の全体で与えられる(Hirotsu, 1982)．ただし，$E_0(\cdot|y)$ は帰無仮説 H_0 の下で，十分統計量 y(総和)を与えた条件付期待値を表す．この場合，それは自明に，$\bar{\boldsymbol{y}}$ の各要素につき $\bar{y}$(総平均)である．ところが係数行列は陽に

$$(D_a'D_a)^{-1}D_a' = \frac{1}{a}\begin{bmatrix} -(a-1) & 1 & \cdots & 1 & 1 \\ -(a-2) & -(a-2) & \cdots & 2 & 2 \\ \vdots & \vdots & \ddots & \vdots & \vdots \\ -1 & -1 & \cdots & -1 & (a-1) \end{bmatrix}_{a-1 \times a} \tag{21}$$

と表せるので，(20)式は σ^2 を除いて具体的に

$$\boldsymbol{u} = -(D_a' D_a)^{-1} D_a' \begin{bmatrix} n_1(\bar{y}_1 - \bar{y}) \\ \vdots \\ n_i(\bar{y}_i - \bar{y}) \\ \vdots \\ n_{a-1}(\bar{y}_{a-1} - \bar{y}) \end{bmatrix}$$

$$= -\mathrm{diag}\left\{\frac{N_i N_i^*}{n}\right\} \begin{bmatrix} \dfrac{Y_1}{N_1} - \dfrac{Y_1^*}{N_1^*} \\ \vdots \\ \dfrac{Y_i}{N_i} - \dfrac{Y_i^*}{N_i^*} \\ \vdots \\ \dfrac{Y_{a-1}}{N_{a-1}} - \dfrac{Y_{a-1}^*}{N_{a-1}^*} \end{bmatrix} \quad (22)$$

と表せることがわかる．$\max t$ の成分 $\boldsymbol{t} = (t_1, \cdots, t_{a-1})'$ は $\boldsymbol{u}$ の各要素を分散 σ^2 となるように基準化したもので，

$$\boldsymbol{t} = \mathrm{diag}\left[\left(\frac{N_i N_i^*}{n}\right)^{-1/2}\right] \boldsymbol{u}$$

という関係にある．これによって，$\boldsymbol{t}$ の成分の二乗和や最大統計量を検定統計量とすることが自然であることがわかる．各項は基本的に第 i 水準までの平均と第 $i+1$ 水準から第 a 水準までの平均の差を表していることに注意する．直観的には $(15')$ 式に対応して $D_a' \bar{\boldsymbol{y}}$ に基づく統計量を考えるのが自然に思えるが，実はそれはむしろ，単調なトレンドのような系統的な成分を除去してノイズを評価するのに適切な統計量であり，系統的成分を取り出すには D_a' の一般化逆列を用いる必要のあるところが面白い．なお，累積 χ^2 統計量は両側検定，$\max t$ 統計量は両側・片側検定のいずれにも用いることができる．

次に興味があるのは，$\max t$ 統計量が実は変化点仮説

$$H_c : \mu_1 = \cdots = \mu_i < \mu_{i+1} = \cdots = \mu_a, \text{ for some } i = 1, \cdots, a-1 \quad (23)$$

に対する尤度比検定としても得られることである (Hawkins, 1977)．この

ことは単調仮説 H_m と変化点仮説 H_c の関係として次のように説明することができる.

定理 2 (15′)式を満たすすべての平均ベクトル μ は $D_a(D_a'D_a)^{-1}$ の各列の正係数線形結合 + 定数の形で表わされる. すなわち, $D_a(D_a'D_a)^{-1}$ は (15′)式が定義する凸錐のコーナーベクトルを張り, ちょうど変化点モデル (23) の各要素がそのコーナーベクトルを形成する. ∎

証明 いま, μ がある与えられた非負値ベクトル $d(\geq 0)$ に対し $D_k'\mu = d$ かつ $j'\mu = 0$ を満たすものとする. このとき,

$$\mu = \{j(j'j)^{-1}j' + D_a(D_a'D_a)^{-1}D_a'\}\mu \qquad (24)$$
$$= D_a(D_a'D_a)^{-1}d$$

となる. ただし (24) 式右辺の係数行列はフルランクの正射影子, すなわち単位行列 I_a であることに注意する. ここで条件 $j'\mu = 0$ を外すと, (15′)式を満たすすべての μ が

$$\mu = jd_0 + D_a(D_a'D_a)^{-1}d, \quad d \geq 0$$

と表される. しかるに (21) 式により $D_a(D_a'D_a)^{-1}$ の各列は変化点モデルの各成分を表している. ∎

$\max t$ 統計量のもう一つの特徴はその分子の各成分 $u = (u_1, \cdots, u_{a-1})$ (22) の要素間に成り立つ Markov 性である. それを示すには u の同時密度関数が

$$f(u) = f(u_1, u_2) \times f(u_2, u_3) \times \cdots \times f(u_{a-2}, u_{a-1})$$

と分解できることを示せばよいが, 正規分布の場合それは u の分散行列 $\mathrm{Var}(u)$ が 3 重対角行列の逆行列であることと同値である (Hirotsu, Kuriki and Hayter, 1992). また, それは u の相関構造が

$$\mathrm{cor}(u_s, u_t) = \frac{\gamma_s}{\gamma_t}, \quad 1 \leq s \leq t \leq a - 1 \quad (\gamma_i \neq 0)$$

の形に表せることと同値である (広津, 1992a).

定理 3 $\max t$ 統計量の各成分のうち $\hat{\sigma}^2$ を除いた部分 u の要素間には Markov 性が成り立つ. ∎

証明 u の分散行列が 3 重対角行列の逆行列であることを示す. まず,

(22)式の行列表現を用いることにより

$$\mathrm{Var}(\boldsymbol{u}) = (D_a'D_a)^{-1}D_a'\mathrm{diag}\{n_i\}\left[\mathrm{diag}\left\{\frac{1}{n_i}\right\} - \frac{1}{n}\boldsymbol{jj}'\right]\mathrm{diag}\{n_i\}D_a(D_a'D_a)^{-1}$$

$$= (D_a'D_a)^{-1}D_a'\left[\mathrm{diag}\{n_i\} - \frac{1}{n}\boldsymbol{nn}'\right]D_a(D_a'D_a)^{-1},$$

$$\boldsymbol{n} = (n_1,\cdots,n_a)'$$

を得る．ここで，

$$D_a'\left[\mathrm{diag}\{n_i\} - \frac{1}{n}\boldsymbol{nn}'\right]D_a = D_a'D_a\left[D_a'\mathrm{diag}\{n_i^{-1}\}D_a\right]^{-1}D_a'D_a$$

であることから

$$\mathrm{Var}(\boldsymbol{u}) = \left[D_a'\mathrm{diag}\{n_i^{-1}\}D_a\right]^{-1}$$

となる．この式は D_a' の形式(19)より，3重対角行列の逆行列である．

一方，(22)式から直接，相関構造を計算すると，

$$\lambda_l = \frac{N_l}{n - N_l}$$

として，

$$\mathrm{cor}(u_s, u_t) = \sqrt{\frac{\lambda_s}{\lambda_t}}, \quad 1 \leq s \leq t \leq a-1$$

となることがわかる．ただし，

$$\lambda_1 \leq \cdots \leq \lambda_{a-1}$$

であることに注意する．これら証明の詳細は広津(1992a)を参照されたい．

Markov 性を利用した $\max t$ 統計量の分布関数

$$F(\max t \leq t_0) = \mathrm{Pr}\{t_1 \leq t_0,\cdots,t_{a-1} \leq t_0\}$$

を計算するための具体的アルゴリズムは次のようである．ただし，簡単のため $\sigma=1$ の場合について説明し，$\hat{\sigma}$ によりスチューデント化する場合については後で簡単に述べる．

まず，t_k を与えた条件付き分布

$$F_k(t_k) = \mathrm{Pr}\{t_1 \leq t_0,\cdots,t_a \leq t_0 | t_k\}, \quad k = 1,\cdots,a$$

を定義する．ただし，定義に従い

$$F_1 = \begin{cases} 1, & t_1 \leq t_0 \\ 0, & その他 \end{cases}$$

である．F_1 を定理 4 に示す漸化式を使って更新した最後の式 F_a が分布関数を与えるが，t_a は定義されていないので，形式的に $t_a = 0$ とし，無条件分布を考えればよい．

定理 4 F_k に関し以下の漸化式が成り立つ．

$$F_{k+1}(t_{k+1}) = \begin{cases} \int F_k(t_k) \times f(t_k|t_{k+1}) dt_k, & t_{k+1} \leq t_0, \\ 0, & その他. \end{cases}$$

ただし，$f(t_k|t_{k+1})$ は t_{k+1} を与えた t_k の条件付分布である．

証明 定義により，

$$F_{k+1}(t_{k+1}) = \Pr\{t_1 \leq t_0, \cdots, t_k \leq t_0, t_{k+1} \leq t_0 | t_{k+1}\}$$

である．ここで t_k を与えた条件付分布に t_k の密度関数を乗じて積分する全確率の定理により

$$F_{k+1}(t_{k+1}) = \int \Pr\{t_1 \leq t_0, \cdots, t_k \leq t_0, t_{k+1} \leq t_0 | t_k, t_{k+1}\} f(t_k|t_{k+1}) dt_k$$

を得る．ここで式中の不等式 $t_{k+1} \leq t_0$ は $t_{k+1} \leq t_0$ の時は確率 1 で成立し，そうでなければ確率 0 である．従って定理 4 の式を得る．

この定理により，水準数 a にかかわらず単一積分の繰返しで分布関数が得られることになる．なお，定理 4 中の条件付分布 $f(t_k|t_{k+1})$ は，すでに述べたように $\text{cor}(t_k, t_{k+1}) = \sqrt{\lambda_k/\lambda_{k+1}}(= \rho_{k\,k+1}$ と置く$)$ であることから正規分布 $N(\rho_{k\,k+1} t_{k+1}, (1-\rho_{k\,k+1}^2))$ となる．ここで，実際には σ^2 が未知であり，推定量

$$\hat{\sigma}^2 = \frac{1}{n-a} \sum_i \sum_j (y_{ij} - \bar{y}_\nu)^2$$

によってスチューデント化した統計量

$$\frac{t_i}{\hat{\sigma}} = \frac{t_i/\sigma}{\hat{\sigma}/\sigma}$$

が用いられる．その場合も単に $\hat{\sigma}/\sigma$ に対する χ 分布により期待値を取る操

作が必要になるだけであり，特別な困難さはない．

Williams 法，修正 Williams 法，max t 法をはじめとする用量・反応曲線解析のための多重比較法の比較が Hirotsu et al.(1992) に与えられている．それによると修正 Williams 法と max t 法が反応曲線のいろいろな形状に対して高い検出力を保つことが示されている(第 3 章表 1, 2 を参照)．

一方，単調仮説 H_m(15)の総括的検定として用いられる累積 χ^2 統計量については定理 5 が良い特徴付けを与える．

定理 5 繰り返し数が等しい場合，累積 χ^2 統計量について次の展開式が成り立つ．

$$\hat{\sigma}^2 \chi^{*2} = t_1^2 + \cdots + t_{a-1}^2$$
$$= \sigma^2 \left\{ \frac{a}{1 \times 2} \chi_{(1)}^2 + \frac{a}{2 \times 3} \chi_{(2)}^2 + \cdots + \frac{a}{(a-1)a} \chi_{(a-1)}^2 \right\}$$

ただし，$\chi_{(i)}^2$ は帰無仮説からの Chevyshev の第 i 次選点直交多項式で表される乖離を検出するための χ^2 統計量であり，互いに独立，自由度は 1 である．

証明は 2 次形式の特異値分解による(Hirotsu, 1986 参照)．この展開式において高次項の係数が急速に減衰することから，累積 χ^2 が主として線形および 2 次式のトレンドを検出する指向性検定統計量であることがわかる．

2.2　仮説要素集合に特定の構造を仮定しない一般的方法

(a) Bonferroni に基づく多重比較法

基礎となる仮説の集合 $H_1, \cdots, H_k$ とその任意の部分集合に対する同時仮説

$$\bigcap_{j \in J} H_j, \quad J \subseteq (1, \cdots, k)$$

を考える．ただし，ここでは仮説 H_j と，H_j のもとで可能な(H_j の条件を満たす)μ の集合とを同一視する．また，$H_1, \cdots, H_k$ は他の仮説の共通集合で表せないものとする．

いま，$H_1, \cdots, H_k$ に対する検定の棄却域をそれぞれ $R_1, \cdots, R_k$ とする．

このとき，仮説 $H_1,\cdots,H_k$ がすべて真であるときに，そのうち少なくとも1つを誤って棄却する確率が α 以下，すなわち
$$\Pr(R_1 \cup \cdots \cup R_k | H_1 \cap \cdots \cap H_k) \leq \alpha \qquad (25)$$
となるように $R_1,\cdots,R_k$ を定めねばならない．

基本的な確率不等式（Bonferroni の不等式）
$$\Pr\left(\bigcup_1^k R_j\right) \leq \sum_1^k \Pr(R_j)$$
により
$$\Pr(R_j|H_j) \leq \frac{\alpha}{k} \qquad (26)$$
となるように定めた棄却域 $R_j(j=1,\cdots,k)$ は有意水準 α の多重検定を構成する．すなわち，このとき
$$\Pr\left(\bigcup_1^k R_j | \bigcap_1^k H_j\right) \leq \sum_1^k \Pr\left(R_j | \bigcap_1^k H_j\right)$$
$$\leq \sum_1^k \sup \Pr(R_j|H_j)$$
$$\leq k \times \frac{\alpha}{k} = \alpha$$
となって式(25)が満たされる．なお sup Pr は H_j のもとで可能なあらゆる μ の集合に関する上限を意味する．

式(26)は最も基本的な多重検定方式を与え，Bonferroni の不等式に基づく多重検定方式と呼ばれる．

次に棄却域 R_j が通常のようにある検定統計量 T_j に関して
$$R_j : T_j > c_j$$
という形式で与えられるものとしよう．このとき，多重比較の設定では，実現値 t_j に対し
$$\hat{\alpha}_j(t_j) = \sup \Pr(T_j > t_j | H_j)$$
を有意確率と呼ぶ．H_j が真のとき
$$\Pr\{\hat{\alpha}_j(t_j) \leq p | H_j\} = \Pr\{\sup \Pr(T_j > t_j | H_j) \leq p | H_j\}$$
$$\leq \Pr\{\Pr(T_j > t_j | H_j) \leq p | H_j\}$$
$$= \Pr\{1 - F(t_j) \leq p | H_j\} = p \qquad (27)$$

が成り立つから,Bonferroni の不等式に基づく有意水準 α の検定方式は,式(26)を満たすように棄却域 R_j を定める代わりに,実現値 t_j に対して計算された有意確率が α/k 以下となる仮説を棄却する方式といってもよい.なお,式(27)の計算において,H_j のもとでの T_j の(周辺)分布関数を F とし,一般に分布関数が一様分布に従うことを用いている.

ところで棄却域 $R_j(j=1,\cdots,k)$ が排反でないときには,Bonferroni の不等式に基づく方法が相当保守的であることは明らかであり,k がある程度大きいとあまり効率のよい方法とはいえない.また,最小の有意確率($\min_{i=1,\cdot,k}\hat{\alpha}_j$)は α/k と比較するにしても,2番目のそれは必ずしも α/k と比較する必要がないと思われる.このような観点から,Bonferroni の不等式に基づく方法にいくつかの改良がなされている.それらのうち重要なものを以下に述べる.

(b) **Holm の方法**

有意確率 $\hat{\alpha}_j(j=1,\cdots,k)$ を大きさの順に並べた式を $\hat{\alpha}_{(1)} \leq \cdots \leq \hat{\alpha}_{(k)}$ とし,対応する仮説を $H_{(1)},\cdots,H_{(k)}$ で表す.このとき次が成り立つ.

定理6 $\hat{\alpha}_{(j)} > \alpha/(k-j+1)$ となる最小の j を j^* とするとき,$H_{(1)}$, $\cdots$, $H_{(j^*-1)}$ を棄却し,$H_{(j^*)},\cdots,H_{(k)}$ を採択する多重検定方式は,真である仮説 H_j のうち少なくとも1つを棄却する確率が α 以下である(Holm, 1979).

証明 いま真である仮説の集合を $J(\subseteq (1,\cdots,k))$ で表し,J に含まれる要素数を m とする.このとき,すべての $j \in J$ に対し,同時に仮説 H_j を採択する確率が $1-\alpha$ 以上となることを示せばよい.

いま,次の不等式が成り立つ.

$$\Pr\left(\hat{\alpha}_j > \frac{\alpha}{m}, \forall j \in J \,\Big|\, \bigcap_{j \in J} H_j\right) = 1 - \Pr\left(\hat{\alpha}_j \leq \frac{\alpha}{m}, \exists j \in J \,\Big|\, \bigcap_{j \in J} H_j\right)$$

$$= 1 - \Pr\left\{\bigcup_{j \in J}\left(\hat{\alpha}_j \leq \frac{\alpha}{m}\right)\right\}$$

$$\geq 1 - \sum_{j \in J} \Pr\left(\hat{\alpha}_j \leq \frac{\alpha}{m} \,\Big|\, \bigcap_{j \in J} H_j\right)$$

$$\geq 1 - m \times \frac{\alpha}{m} = 1 - \alpha$$

すなわち，真の仮説 H_j に対してはすべて $\hat{\alpha}_j > \alpha/m$ となる確率が $1-\alpha$ 以上である．ところが事象

$$\hat{\alpha}_j > \frac{\alpha}{m}, \quad \forall j \in J$$

は $|J| = m$ であることから少なくとも大きい方から m 個の $\hat{\alpha}_{(k)}, \cdots, \hat{\alpha}_{(k-m+1)}$ が α/m より大となることを意味し

$$\hat{\alpha}_{(k-m+1)} > \frac{\alpha}{m} = \frac{\alpha}{k-(k-m+1)+1}$$

より，定理の検定手順は $k-m+1$ またはそれ以前に停止しているはずである．このことは，$\hat{\alpha}_j > \alpha/m$ となるすべての j について $H_j (j \in J)$ が採択されることを意味する．　∎

Holm の方法は，すべての $\hat{\alpha}_j$ を一律に α/k と比較する素朴な Bonferroni 方式より，検出力が高くなることは明らかである．

（c） **Shaffer の方法**

Holm の方法は，$H_1, \cdots, H_k$ に論理的な包含関係があるときには，さらに次のように改良される．

定理 7 $H_1, \cdots, H_k$ のうち，$H_{(1)}, \cdots, H_{(j-1)}$ が真でないときに，真でありうる仮説の数の最大を S_j とし

$$\hat{\alpha}_{(j)} > \frac{\alpha}{S_j}$$

となる最小の j を j^* とする．このとき，$H_{(1)}, \cdots, H_{(j^*-1)}$ を棄却し，$\cdots, H_{(k)}$ を採択する多重検定方式は，真である仮説 H_j のうち少なくとも

1つを棄却する確率が α 以下である．

証明は Shaffer(1986)参照のこと．

$S_j = k-j+1$ のとき Shaffer の方法は Holm の方法と一致するが，実際に $S_j < k-j+1$ となる多くの場合があり，実質的な改良を与える．例として a 個の母平均のすべての対比較を考える($k=a(a-1)/2$)．いま $H_{(1)}: \mu_1 = \mu_2$ が成り立たないとすると，$\mu_2 = \mu_3$ と $\mu_1 = \mu_3$ とは同時には成り立たないから，$a=3$ のとき $S_2 = 1$ となることがわかる(S_3 も 1)．同様に考えて，$a=4$ のときは $S_1 = 6, S_2 = S_3 = S_4 = 3, S_5 = 2, S_6 = 1$ となることがわかる．

ところで 2.1 節で述べたように，想定した仮説要素集合ごとに適切な検定統計量を工夫できればその方がオムニバスな Bonferroni 方式より効率がよい．その場合に仮説要素を適切な順序で検定することにより，個々の検定を有意水準の調整なしに行うことができる．基本となるのは，Marcus, Peritz and Gabriel(1976)による定理 8 である．

2.3 閉手順検定方式

定理 8 ある仮説要素集合において，要素集合のあらゆる共通集合に対しそれぞれ有意水準 α の検定 ϕ を対応させる．任意の仮説 H_β は，それに含まれるすべての帰無仮説が棄却されたときのみ ϕ_β を用いて検定されるものとすると，これは有意水準 α の多重検定方式となる．すなわち，この手順で真である帰無仮説(の少なくとも 1 つ)が棄却される確率は α 以下となる．

証明 事象 A, B を次のように定義する．
A：任意の真である帰無仮説 ω_β が棄却される．
B：真である帰無仮説の共通集合 ω_τ が ϕ_τ によって棄却される．

仮定により ω_β が棄却されるためには，それに含まれる ω_τ が棄却されていないといけないから，A は B を意味する．すなわち，$A \cap B = A$ である．ところが ϕ の有意水準は α であるから
$$P(A) = P(A \cap B) = P(B)P(A|B) \le \alpha \times 1 = \alpha$$
が成立する．

この閉手順方式は，仮説要素を適切な順序で検定する限り α の調整を要しないことから，実際に様々な形で多重決定方式として応用されている．そのいくつかの例を次節で述べることとする．

3 閉手順多重決定方式の応用

3.1 Tukey 型多重比較法への応用

まず手始めに群の数は 3 つ $(a=3)$ とし，簡単のため y_i が互いに独立に正規分布 $N(\mu_i, 1)$, $i=1,2,3$, に従っているとする．このとき考えられる仮説要素集合は

$$H_{123}: \mu_1 = \mu_2 = \mu_3,$$
$$H_{12}: \mu_1 = \mu_2; \quad H_{13}: \mu_1 = \mu_3; \quad H_{23}: \mu_2 = \mu_3 \tag{28}$$

の 4 通りである．そこでまず H_{12}, H_{13}, H_{23} の共通集合である H_{123} を，例えば Tukey 流に（最大対比を用いて）有意水準 α で検定し，それが棄却されなければ H_{123} を採択して検定手順をここで終える．もし H_{123} が有意水準 α で棄却されたなら H_{12}, H_{13}, H_{23} をそれぞれ有意水準 α で検定することができる．ただし，H_{123} の検定で例えば最大対比が第 1, 3 水準の間で得られたならすでに $\mu_1 \neq \mu_3$ は決定されているので，実際には H_{12}, H_{23} の検定のみ行えばよい．このように $a=3$ の場合は極めて明解で，有効な手法を与えていることがわかる．ところが，残念ながら $a \geq 4$ ではこのように明解な結果は得られない．例えば $a=4$ の場合に，(28)式と同じ記法を用いて，まず H_{1234} を，次に $H_{123}, H_{124}, H_{134}, H_{234}$ をそれぞれ有意水準 α で検定するところまではよいが，次に対ごとの仮説に直に進むことができない．なぜなら，例えば H_{12} には $H_{1234}, H_{123}, H_{124}$ の他に確かに

$$H_{12} \cap H_{34}: \mu_1 = \mu_2 \quad \text{かつ} \quad \mu_3 = \mu_4$$

という仮説が含まれ，これが棄却されていないと H_{12} の検定を有意水準 α で検定するわけにはいかないのである．これについて詳しくは竹内(1973)を

参照されたい.

3.2 符号決め問題の拡張

2 章で述べた符号決めの手続きも閉手順方式の特別な場合と見ることができる. すなわち, そこで考えた帰無仮説 K_1, K_2, K_3 はパラメータスペースの分割なので互いに排反的である. 従って任意の組合せによる共通集合はすべて空集合となるため, それぞれの仮説を有意水準の調整なしに検定することができる. あるいは K_1, K_2, K_3 のうちどれか 1 つのみしか真であり得ないから, それぞれを有意水準 α で検定しても, 誤って真である仮説を棄却する確率は α で押さえられるという説明も可能である.

ここで, 符号決めの仮説に, さらに非劣性を検証するための仮説を追加してみよう. 非劣性検証は臨床試験分野で導入された独特の考え方なので, まずその解説から始めよう. 新薬の開発においては, インビトロの試験から始めて, 動物による毒性・有効性試験を経た後, 実際にヒト(被験者)による臨床試験 I 相, II 相, III 相へと進む. ここで I 相は 10～20 名程度の健常者による安全性と体内動態の確認試験である. II 相はいわゆる用量・反応試験であり, 被験薬の臨床至適用量を探したり, そもそも用量反応があることによりプラセボと異なる薬剤効果があることを検証したりすることを目的とする. そして第 III 相がプラセボや当該分野既承認の標準薬を対照とした比較臨床試験である. 対照薬がプラセボの場合に現在採られている方策は, 有意水準 0.05 の両側検定により被験薬が有意差をもって優ることを示すことであり, 優越性試験と呼ばれる. 対照薬が標準薬の場合も優越性試験で良さそうだが, 有意水準 0.05 の検定方式はかなり保守的であるため実際上それを画一的に適用することは難しい. 非常にサイズの大きな臨床試験を計画すればよいと思われるかもしれないが, それは良い薬はなるべく早く世に出し, 好ましくない薬はなるべく早く停止したいという要求から必ずしも好ましいことではない.

一方, 薬剤には薬効以外にも安定性, 服用の容易さなどいろいろな側面がある. 例えば, 1 日 3 回処方が, 血中濃度の持続性の向上により 1 日 1 回

処方で済むならそれは相当な利点である．そこで，標準薬に対し，他に何か長所があるならこと薬効に関しては同等であればよいという考え方が成り立つ．しかるに同等性を検証する適切な統計的方法は存在しない．例えば，通常の検定方式は有意差を示すことにより2剤の違いを検証する役には立つが，有意差の無いことは積極的な意味を持たない．実はつい20年程前まで，薬剤の許認可行政の現場で有意差無し＝同等（いわゆるNS(Non-Significance)同等）の議論が行われていた．しかるにNS同等でよいなら，ノイズが大きく質の悪い試験程許認可の意味では有利であることになり，良い臨床試験を行おうというインセンティブそのものが失われてしまう．そこで考え出されたのが非劣性検証方式である．これは被験薬の効果にハンディキャップ Δ を上乗せする替りに，対照薬に対して有意差をもって優ることを示すという方式であり，別名ハンディキャップ方式と呼ばれる．また，実際の意味は同等性というより，'被験薬が対照薬に対して Δ 以上劣ることはない'ということの証明になるため非劣性検証方式と呼ばれる．いま，対象とする特性値に関し，被験薬，対照薬の平均をそれぞれ μ_1, μ_0 とする．ここで $\theta = \mu_1 - \mu_0$ と置いて，1章と同じく

$$K_1 : \theta > 0$$
$$K_2 : \theta = 0$$
$$K_3 : \theta < 0$$

という互いに排反な帰無仮説を設定する．さらに，非劣性検証のための帰無仮説

$$K_4 : \theta \leq -\Delta$$

を設定する．K_4 を棄却することがすなわち非劣性検証の目的である．一方，ハンディキャップなしで K_3 を否定するのが優越性検証である．ここで巷間よくある質問は，無難な非劣性検証を採用したいが，もし予想以上に結果が良好で優越性も検証できたというような場合に，優越性を主張するのは推論の多重性から許されないのだろうかということである．この質問には次のような多重決定方式をもって答えることができる．

まず，$K_4 \subset K_3$ であることに注意して，K_4 を検定する．これが有意でなければ手順をここで終え，非劣性は検証できない．K_4 が棄却されたら K_3 の

検定に進み,それが有意でなければ手順を終え,非劣性($\mu_1 - \mu_0 > -\Delta$)のみ検証されたとする.K_3 が棄却されたらさらに K_2 の検定へ進み,それが有意でなければ手順を終え,同等以上($\mu_1 - \mu_0 \geq 0$)を結論とする.K_2 も棄却されたなら優越性($\mu_1 - \mu_0 > 0$)が言えたと結論する.この手順中すべての検定を有意水準 α で行うとき,真でない仮説が誤って採択される確率は α 以下である.

さて,上記の多重決定方式は片側仮説,両側仮説をあらかじめ選択する必要がなく,また,非劣性検証と優越性検証を無理なく包含し,極めて明解である.しかしながら,国際的な臨床試験ガイドライン(ICH E9, 1999)では,優越性検証は両側有意水準 0.05,非劣性検証は片側有意水準 0.025 という,むしろ片側有意水準を両者で揃える方式が記述され,上に述べた方式とは異っている.実際上はさらに,ハンディキャップ Δ をどう選ぶかとか,それによって標準薬に対して相対的にどの程度の有効性を持った薬剤が認可されることになるのか(実際に Δ だけ劣った薬が認可されることにはならないのだから)といった観点も重要であり,なお研究を要するテーマである.

3.3 先験的な順序に従った閉手順方式の適用

先に述べた ICH E9 の統計ガイドラインでは新薬の有効性を確認する最適な方法はプラセボに対する優越性を証明する,または用量・反応性(用量に対して効果が単調増大であること)を検証することと述べられている.そこで第 II 相試験としてよく計画されるのは,プラセボと被験薬 3 用量の群間比較試験である.今,薬剤効果を低用量群から順に μ_1(プラセボ効果),$\mu_2, \cdots, \mu_K$ として正規分布モデルを想定する.このとき,先験的に,もし第 i 用量が無効果($\mu_i \leq \mu_1$)なら i より小さな任意の j についても無効果($\mu_j \leq \mu_1$),つまり

$$\text{if} \quad \mu_i \leq \mu_1 \quad \text{then} \quad \mu_j \leq \mu_1 \quad \text{for} \quad \forall j < i$$

を想定するのは合理的である.このとき,仮説の列

$$H_{0K} : \mu_K \leq \mu_1$$
$$H_{0K-1} : \mu_{K-1} \leq \mu_1$$
$$\vdots$$
$$H_{02} : \mu_2 \leq \mu_1$$

を上から順に，有意水準 α の任意の検定方式で検定し，ある H_{0k} で初めて有意でない結果が得られたときそこで手順を止め，$\mu_{k+1}, \cdots, \mu_K$ のプラセボに対する優越性が証明されたとする多重決定方式の危険率は α で押さえられる．すなわち，この方式でプラセボに比べて効果の無い用量が効果有と判定される危険率は α 以下に押えられている．

ところで，上記のような方式で如何にプラセボに対する優越性が証明され，さらに臨床至適用量が決まったとしても，もし当該分野にすでに標準薬が存在するならそれとの比較(優越性もしくは非劣性)を検証しておくことが望ましい．そこで上記のような試験計画にさらに標準薬を加えた比較試験が計画されることがある．その場合に被験薬のみならず，標準薬についてもプラセボに優越することが求められ，それは当該臨床試験の sensitivity test (感度試験)と呼ばれる．つまり，標準薬のプラセボに対する優越性が検証できないような試験は，その質が悪いかあるいは標準薬がその言葉に値しないかのどちらかである．そのような試験ではもし，標準薬に対する非劣性が言えたとしてもそれにどれほどの価値があるだろうかというのがその考え方である．さてこの場合，先の $H_{0k}, k = K, \cdots, 2,$ で表される仮説の列に加えて，標準薬の効果を μ_s として，帰無仮説

$$H_s : \mu_s \leq \mu_1$$

の検定が必要である．ところで，H_{0k} と H_s の検定はそれぞれ有意水準 α で行うことができる．それは，この場合，H_{0k} と H_s はどちらかでも採択されれば帰無仮説の採択となり，両者が否定されたときのみ対立仮説が意味を持つからである．このような検定方式は，例えば Tukey 型のモデルが帰無仮説が同時仮説で，対立仮説が併合型のため Union-Intersection test と呼ばれるのに対し，Intersection-Union test と呼ばれる (Bauer et al., 1998)．そこでそれぞれ有意水準 α の検定で，ある H_{0k} までが棄却され，さらに

H_s も棄却された時のみ，被験薬と標準薬の非劣性または優越性検証が行われるが，この検定もまた，Intersection-Union test の考え方に従って有意水準 α で行うことができ，α の調整を要しない．

3.4 単調性推測

前節(3.3)の H_{0k} の検定は有意水準 α の任意の検定方式を用いることができる．実際に正規分布モデルの場合に各ステップで単純な t 検定が行われることが多い．しかしながらそのような方式は，高い方のいくつかの用量の間には効果に大きな差が無く，あるいは低い方のいくつかの用量の効果はプラセボと大差がないというような構造がある時には，検出力の意味で決して好ましくない．そこで考えられるのは単調仮説

$$H_\mathrm{m} : \mu_1 \leq \mu_2 \leq \cdots \leq \mu_K \qquad (29)$$

を想定した推測である．(29)式においてすべてが等号の場合が帰無仮説，少くとも1個の不等号が厳密に成立する場合が対立仮説である．これは正に 2.1 節(d)および(e)で扱った設定であり，閉手順を適用しつつ，各ステップでは尤度比検定や累積 χ^2，もしくはそれらの最大成分を用いる Williams 法や $\max t$ 法などの多重比較法が用いられる．どの方式を用いる場合も，まず(29)式で表される対立仮説を検定し，それが棄却された時のみ最大用量水準を除外して対立仮説

$$\mu_1 \leq \mu_2 \leq \cdots \leq \mu_{K-1} \quad (少なくとも1個の不等号は厳密)$$

を検定する．以下，順次棄却された時のみ次のステップに進み，有意な結果が得られなかったところで手順を終える．その1つ手前までの用量水準がプラセボと有意に異なる効果を持つと結論される．なお，正規分布モデルの場合に分散 σ^2 を推定する必要があるが，これは最初の K 群から求めた推定量を，多重決定方式の手順を通して用いることができる．この多重決定方式における検定方式が Hirotsu, Kuriki and Hayter(1992)で比べられているので，そこから検出力を比較した表 1, 2 を引用しておく．下線は検出力最大を示す．

表 1 検出力(%, 数値積分による評価). $a=4$, $\sigma^2=1$(既知), $\alpha=0.05$

$\mu_1\,\mu_2\,\mu_3\,\mu_4$	max t	Linear Score	A-T Score	LR	Williams	Modified Williams
	<u>14.0</u>	11.7	11.8	13.7	13.5	13.0
	<u>41.7</u>	41.1	41.1	<u>41.7</u>	41.6	41.3
	<u>66.9</u>	<u>66.9</u>	<u>66.9</u>	<u>66.9</u>	<u>66.9</u>	<u>66.9</u>
	<u>9.4</u>	5.7	5.8	8.9	8.7	7.9
	<u>32.2</u>	25.0	25.1	31.5	31.1	29.3
	<u>61.1</u>	52.6	52.7	60.4	60.0	58.6
	<u>7.9</u>	3.6	3.8	7.3	7.2	6.3
	<u>28.4</u>	16.8	17.6	27.1	26.9	24.8
	<u>58.3</u>	42.1	43.7	57.0	56.8	54.6
	<u>12.3</u>	8.0	8.0	11.8	11.7	10.9
	<u>40.9</u>	36.6	36.3	40.6	40.5	39.9
	<u>66.9</u>	66.1	65.9	66.8	66.8	66.8
	<u>15.8</u>	14.8	13.7	15.0	13.2	14.0
	41.4	40.6	40.3	<u>43.0</u>	37.7	41.7
	<u>73.5</u>	68.3	68.3	71.8	65.9	73.0
	16.8	16.5	17.2	16.7	15.8	<u>17.8</u>
	43.0	38.1	40.2	42.5	37.6	<u>44.5</u>
	<u>74.3</u>	64.3	67.3	73.5	65.0	73.4

表 2 検出力(%, シミュレーション 100000 回). $a=8$, $\sigma^2=1$(既知), $\alpha=0.05$

$\mu_1\,\mu_2\,\mu_3\,\mu_4\,\mu_5\,\mu_6\,\mu_7\,\mu_8$	max t	Linear Score	A-T Score	LR	Williams	Modified Williams
	<u>15.0</u>	14.6	13.5	<u>15.0</u>	12.9	13.3
	42.5	40.6	40.3	<u>42.8</u>	37.8	42.1
	72.8	68.4	68.4	<u>73.1</u>	66.0	72.5
	<u>10.7</u>	7.4	6.1	10.2	8.0	7.6
	<u>36.9</u>	32.9	29.1	36.7	29.1	31.7
	<u>69.9</u>	64.2	60.3	<u>69.9</u>	58.9	65.5
	<u>7.5</u>	2.7	2.3	6.6	5.0	4.5
	<u>31.8</u>	18.5	15.1	30.5	21.3	22.3
	<u>68.4</u>	54.0	47.2	67.8	52.5	59.1
	<u>15.2</u>	14.4	13.2	15.1	12.9	13.4
	42.7	40.6	40.3	<u>43.0</u>	37.8	42.2
	72.5	68.2	68.2	<u>72.7</u>	65.7	72.3
	15.1	14.6	14.4	<u>15.3</u>	12.6	13.8
	42.2	35.2	39.4	42.8	36.5	<u>44.0</u>
	73.9	60.0	66.4	74.3	64.6	<u>75.5</u>
	14.5	13.4	14.3	<u>15.0</u>	12.6	14.3
	40.9	30.5	38.0	41.8	36.1	<u>44.9</u>
	73.7	52.5	64.9	74.1	64.2	76.9

3.5 データ依存的に順序を決める方法

最近,ゲノムアレイデータの解析を中心に,いわゆるデータ依存順序(data driven ordering)に従って,α の調整なしに仮説の列を検定する手順が提案されている.その背景として,マイクロアレイデータでは一度に数百・数千の遺伝子について効果の有無を検定するため偽陽性(false positive)を防ぐのに多重性の調整が必須であるが,一方,Bonferroni 法では検出力が過度に低くなることが挙げられる.以下ではデータ依存的に順序を決め,α の調整を必要としない2つの方法について述べる.

(a) Kropf and Läuter 法

n 人の被験者について,独立に多変量正規分布 $N(\boldsymbol{\mu}, \Omega)$ に従う変数 $\boldsymbol{y}_j = (y_{j1}, \cdots, y_{jp})$, $j=1, \cdots, n$, が観測されている.想定する帰無仮説は

$$H : \boldsymbol{\mu} = \boldsymbol{0}$$

であり,$\boldsymbol{\mu}$ の成分のうち 0 と異なるものを効率よく検出することが目的である.ここで次元 p が数百から数千に達することが問題点である.そのために Kropf and Läuter(2000)は $\sum_j^n y_{ji}^2$ の大きさの順に従って $\boldsymbol{\mu}$ の各成分の検定順序を決め,α の調整無しに単純に t 検定を繰り返す方法を提案している.基本となるのは次の Läuter(1996)の定理である.

定理 9 Läuter(1996)

$\boldsymbol{y}_j$, $j=1, \cdots, n$, が互いに独立に正規分布 $N(\boldsymbol{\mu}, \Omega)$ に従っているとする.いま,係数ベクトル $\boldsymbol{d}(W)$ が

$$W = \sum_j^n \boldsymbol{y}_j \boldsymbol{y}_j' \tag{30}$$

のみに依存し,かつ $\boldsymbol{d}'W\boldsymbol{d} \neq 0$ が確率 1 で成り立つものとする.このとき,

$$x_j = \boldsymbol{d}'\boldsymbol{y}_j, \quad j=1, \cdots, n,$$

から構成される通常の t 検定は,

$$\text{帰無仮説 } H : \boldsymbol{\mu} = \boldsymbol{0}$$

に対応する一つの総括的検定として有効である.

さて，元の問題に戻って，$\boldsymbol{\mu} = (\mu_1, \cdots, \mu_p)$ の成分のうち真に $\mu_i = 0$ である集合 (null set) M_0 がわかっているものとする．このとき，その null set に属する変数に対して，係数ベクトル $\boldsymbol{d}_0$ を次のように定める．

$$\boldsymbol{d}_0 = (d_{0\,i})_{i \in M_0}, \quad d_{0\,i} = \begin{cases} 1, & \sum_j^n y_{j\,i}^2 = \max_{\ell \in M_0}\left(\sum_j^n y_{j\,\ell}^2\right), \\ 0, & その他. \end{cases}$$

この $\boldsymbol{d}_0$ は $W = \sum_j \boldsymbol{y}_j \boldsymbol{y}_j'$ のみに依存しているから，このように選択された $x_{j\,i},\ j = 1, \cdots, n,$ に基づく

$$H_{0\,i} : \mu_i = 0$$

に対する有意水準 α の t 検定は定理 9 によって $H_{0\,i}$ を信頼率 $1 - \alpha$ で採択する．ところがそれは検定手順が最初のステップで終る確率でもあるから，null set M_0 に属するすべての成分について $H_i : \mu_i = 0$ が採択される信頼率 $1 - \alpha$ が保証される．ところで現実には M_0 がわかっているわけではなく，すべての成分に関して $\sum_j^n y_{j\,i}^2$ の大きい順に検定することになるが，そのことは M_0 に属さない成分による早期の停止は招いても，M_0 に対する信頼率を低下させることはない．

このもとにある発想は次のようなことである．いま，$\sum y_{j\,i}^2$ を次のように分解する．

$$\sum_j^n y_{j\,i}^2 = n\bar{y}_i^2 + \sum_j^n (y_{j\,i} - \bar{y}_i)^2$$

$$= V_i(t_i^2 + n - 1)$$

ただし，$V_i = \sum_j^n (y_{j\,i} - \bar{y}_i)^2/(n-1)$ は通常の不偏分散であり，t_i が第 i 成分に基づく t 統計量である．そこで，もし，各成分の分散 σ_i^2 が揃っており，V_i がそれを反映するものなら $\sum_j^n y_{j\,i}^2$ の大きさはある程度 t_i^2 の大きさを示唆すると考えられ，その大きさに基づく多重決定方式は効率の良いことが期待される．しかしながら，話はそう簡単ではなく，例えば外れ値があるとそれは $\sum_j^n y_{j\,i}^2$ を大きくすると同時に分散 V_i も大きくし，t 検定の効率を下げる．Kropf and Läuter 自身そのことは認識し，いろいろ手立を考えているが，次項で Westfall, Kropf and Finos による拡張について述べる．

(b) 重み付 p 値による閉手順方式（Westfall 他）

2.2 節(b)で述べた Holm の方法は，実はより一般的に重み付 p 値

$$q_i = \frac{p_i}{w_i}$$

を大きさの順

$$q_{(1)} \leq q_{(2)} \leq \cdots \leq q_{(K)}$$

に並べ，これを小さい順に検定する方式として与えられている．すなわち，$q_{(1)}, \cdots, q_{(j)}$ までがこの順にすべて棄却されたとして，残っている成分の集合を $S_{j+1} = \{(j+1), (j+2), \cdots, (K)\}$ とする．このとき，もし，

$$q_{(j+1)} \leq \frac{\alpha}{\sum_{h \in S_{j+1}} w_h} \tag{31}$$

なら，さらに対応する $H_{(j+1)}$ を棄却して $H_{(j+2)}$ の検定に進む．もし(31)式が成り立たなければ，手順をここで終え，帰無仮説 $H_{(1)}, \cdots, H_{(j)}$ のみが棄却されたとする．この方式は各ステップで $\min(p_i/w_i)$ を検定統計量とする閉手順方式であることが証明されている(Westfall and Krishen, 2001)．

さて，ここで Kropf and Läuter の設定に戻り，重み w_i をデータ依存的に

$$w_i = g_i^\eta, \quad g_i = \sum_j^n y_{ji}^2 \tag{32}$$

としてみる．このとき，$\eta = 0$ は通常の Holm 法に対応し，$\eta = \infty$ が Kropf and Läuter(2000)の g_i の大きさの順に水準 α の t 検定を繰り返す方法に帰着する．この中間の任意の $\eta(0 < \eta < \infty)$ に対する重み付最小 p 値法を提案したのが Westfall, Kropf & Finos 法であるが，その正当化には null set M_0 における最小の重み付き p 値が，当該方式で棄却される確率が α を越えないことを示せばよい．ここで，各 p_i は第 i 成分に基づく単純な t 検定の p 値である．

この証明には正規分布(あるいはより一般に球状分布)の特徴として，各成分に基づく t 統計量が $W(30)$ を与えた条件付分布としても t 分布に従うこと，および W を固定すれば荷重 $w_i(32)$ も固定されることを用いる．すなわち，W を与えた条件付分布を考えることにより，

$$\Pr\left(\frac{p_i}{w_i} \leq \frac{\alpha}{\sum_{i \in M_0} w_i}\right) = \Pr\left(p_i \leq \frac{\alpha w_i}{\sum_{i \in M_0} w_i}\right)$$
$$= \frac{\alpha w_i}{\sum_{i \in M_0} w_i}$$

が成り立つ．ここで(31)式で表される検定方式に従って手順が進行し，$\min_{i \in M_0}(p_i/w_i)$ が(最初に)検定される際に M_0 の要素以外に残っている成分の添字集合を M_1 とする．このとき，

$$\Pr\left(\min_{i \in M_0} \frac{p_i}{w_i} \leq \frac{\alpha}{\sum_{i \in M_0 \cup M_1} w_i}\right) \leq \Pr\left(\min_{i \in M_0} \frac{p_i}{w_i} \leq \frac{\alpha}{\sum_{i \in M_0} w_i}\right)$$
$$= \Pr\left\{\bigcup_{i \in M_0}\left(\frac{p_i}{w_i} \leq \frac{\alpha}{\sum_{i \in M_0} w_i}\right)\right\} \leq \sum_{i \in M_0} \Pr\left(\frac{p_i}{w_i} \leq \frac{\alpha}{\sum_{i \in M_0} w_i}\right)$$
$$= \alpha$$

が成り立つ．この結果は，条件付ける特定の W にはよらずに成り立つ．すなわち，(32)式で与えられる荷重に基づく重み付き最小 p 値に基づく Holm 法は厳密に有意水準 α を守っている．

Westfall 等はさらに 2 標本問題を扱い，それに関し η をいろいろ変えることにより荷重 w_i を変えるシミュレーション実験を行っている．その結果によると，サンプルサイズが数例と小さく，かつ等分散性が成り立つようなときは $\eta = \infty$(Kropf & Läuter 法)が良く，逆の場合は $\eta = 0$(通常の Holm 法)が好ましい．中間の η が良い結果を与えるケースもあるが，おおむねその $\eta = 0$ または ∞ に対する優位性は小さい．そこで現実的には，情況に応じて，$\eta = 0$ または ∞ を使い分けることが薦められる．

3.6 誤発見率コントロール

1 組のデータで検定回数が数百から数千におよぶゲノムアレイデータの解析では，厳密に有意水準を管理する方式はどう工夫しようとも相当保守的にならざるを得ない．そこで Benjamini and Hochberg(1995)は棄却され

た仮説のうち真である帰無仮説の割合(誤発見率)をコントロールするという考え方を提案している．すなわち，仮説の総数を m，そのうち帰無仮説が真であるものを m_0，対立仮説が真であるものを $m - m_0$ とする．m_0 のうち，検定で棄却されなかった仮説の数を U，棄却された数を V とする．同様に $m - m_0$ のうち，棄却されなかった数を T，棄却された数を S とする(表3参照)．ただし，m_0 は未知定数，U, V, T, S は確率変数である．

表 3 仮説とその検定結果の対応表

真である仮説＼検定結果	H_0 採択	H_0 棄却	
H_0	U	V	m_0
H_1	T	S	$m - m_0$
	$m - R$	R	m

このとき，

$$\Pr(V \geq 1) \leq \alpha$$

となるようにコントロールするのが通常の厳密な有意水準のコントロールであり，FWER(Familywise Error Rate)のコントロールと呼ばれる．一方，個々の検定の有意水準を α に保つ方法は

$$E\left(\frac{V}{m}\right) \leq \alpha$$

を保証しており，PCER(Per Comparison Error Rate)コントロールと呼ばれる．ここで FDR(False Discovery Rate，誤発見率)法は

$$E\left(\frac{V}{R}\right) \leq \alpha \tag{33}$$

を保証する方式であり，一般に FWER や PCER のコントロールに比べ放漫な方式である．Benjamini and Hochberg(1995)では(33)式をコントロールするための Holm 法と同様のステップワイズ法(下降手順法)を提案しているが，通常の仮説検定論の枠組みからは外れるので詳細は省略する．しかしながら通常の方式があまりにも保守的であるときに，棄却された帰無仮説のうち，実際に対立仮説が真である割合 $1 - \alpha$ を保証するこのような

方式も検討の余地があると思われる．

4 信頼区間方式

データ y の従う確率分布を規定するパラメータ θ に関し，
$$P\theta\{y \in A(\theta)\} \geq 1 - \alpha$$
となるような集合 $A(\theta)$ を θ に関する信頼率 $1-\alpha$ の信頼集合という．すなわち，帰無仮説
$$H_0 : \theta = \theta_0 \tag{34}$$
に対する有意水準 α の検定の受容域
$$y \in A(\theta_0)$$
が θ_0 の信頼率 $1-\alpha$ の信頼集合を構成する．いいかえると，$H_0(34)$ の検定で棄却されない θ の集合が信頼集合 $A(\theta_0)$ である．そして H_0 に関する一様最強力検定がもし存在すれば，対応する $A(\theta_0)$ は真でない θ を含む確率が最小という意味で最適な信頼集合である．以下そのような例をいくつか挙げよう．

4.1 正規分布の平均 μ に関する信頼区間

1章で述べたように，繰り返し測定のモデル
$$y_i = \mu + \varepsilon_i , \quad \varepsilon_i \sim \mathrm{NID}(0, \sigma^2) , \quad i = 1, \cdots, n$$
において，

　　　　帰無仮説 $H_0 : \mu = \mu_0$,
　　　　対立仮説 $H_3 : \mu \neq \mu_0$

に対する一様最強力不偏検定は，σ 既知の場合に
$$\frac{|\bar{y} - \mu_0|}{\sigma/\sqrt{n}} > K_{\alpha/2} \tag{35}$$
で与えられる．これから μ に関する信頼率 $1-\alpha$ の信頼集合（この場合は

信頼区間）

$$\bar{y} - \frac{\sigma}{\sqrt{n}}K_{\alpha/2} \leq \mu \leq \bar{y} + \frac{\sigma}{\sqrt{n}}K_{\alpha/2} \qquad (36)$$

が得られる．通常は σ^2 が未知のため，推定量

$$\hat{\sigma}^2 = \frac{\sum_{1}^{n}(y_i - \bar{y})^2}{n-1}$$

で置き換えた棄却域

$$\frac{|\bar{y} - \mu_0|}{\hat{\sigma}/\sqrt{n}} > t_{\alpha/2}(n-1) \qquad (37)$$

が用いられる．ただし，$t_\delta(\nu)$ は自由度 ν の t 分布の上側 δ 点である．この方式はパラメータ σ に依らない一様最強力相似検定を与え，Student の t 検定と呼ばれる．またこのように σ を $\hat{\sigma}$ で置き換え，t 分布を適用することをスチューデント化(Studentized)という．2.1 節(a)の Tukey 法における最大範囲もスチューデント化の例である．なお，本節で用いる $\hat{\sigma}$ は 2 章で導入したものと本質的に同じで，$a = 1$ の場合に当たっている．(37)式から導かれる信頼区間は

$$\bar{y} - \frac{\hat{\sigma}}{\sqrt{n}}t_{\alpha/2}(n-1) \leq \mu \leq \bar{y} + \frac{\hat{\sigma}}{\sqrt{n}}t_{\alpha/2}(n-1) \qquad (38)$$

となり，(36)式に比べやや広い信頼区間となる．それは，σ に関する情報が無く，推定していることから当然であろう．

同じように右片側検定(6)に対応しては信頼率 $1 - \alpha$ の信頼下限

$$\mu \geq \bar{y} - \frac{\sigma}{\sqrt{n}}K_{\alpha/2},$$

左片側検定(7)に対しては信頼率上限

$$\mu \leq \bar{y} + \frac{\sigma}{\sqrt{n}}K_{\alpha/2}$$

が得られる．このスチューデント化は自明なので省略する．なお，これら信頼区間が帰無仮説で指定される μ の値を含まないことと，検定でその帰無仮説が棄却されることが同値なので，信頼区間方式で検定を代替するこ

とができる．

1章では，上に述べた両側および片側検定を統合する多重決定方式について述べた．それに対応する信頼区間を構成することも興味深い．

4.2 多重決定方式に対応する信頼区間

簡単のため，1章と同じように y が正規分布 $N(\theta, 1)$ に従っているとする．いま，$\theta > 0, \theta = 0, \theta < 0$ の分割に対し，それぞれの受容域を次のように構成する．

$$\theta > 0 \text{ に対し，} \quad A(\theta) : y - \theta > -K_\alpha$$
$$\theta = 0 \text{ に対し，} \quad A(0) : \quad |y| \leq K_{\alpha/2}$$
$$\theta < 0 \text{ に対し，} \quad A(\theta) : y - \theta < K_\alpha$$

これは y のいろいろな値に対し，次のような θ の信頼集合を構成する．

$$\begin{aligned}
y > K_{\alpha/2} &\to & 0 < \theta < y + K_\alpha \\
K_\alpha \leq y \leq K_{\alpha/2} &\to & 0 \leq \theta < y + K_\alpha \\
-K_\alpha < y < K_\alpha &\to y - K_\alpha < \theta < y + K_\alpha & \quad (39) \\
-K_{\alpha/2} \leq y \leq -K_\alpha &\to y - K_\alpha < \theta \leq 0 \\
y < -K_{\alpha/2} &\to y - K_\alpha < \theta < 0
\end{aligned}$$

この結果は1章の θ の符号決めの問題に，さらに信頼上限および下限を与えており，精密化になっている．とくに，θ がリスクを表すような場合は，それが正であることを検証すると同時に，そのシャープな信頼上限を与えるので有用である．

さて，上に述べた方法は，事前には θ の方向性を仮定せず正負を対称に扱いながら，事後的に θ の推論に方向性を持ち込んでいるという特徴がある．一方，Miwa and Hayter(1999)は，事前に θ の正方向により興味があるという仮定の下で，$\theta > 0$ に対する信頼区間を改良している．この方式を以下で紹介するが，(39)では θ の正負に対して対称な信頼区間が得られているのに対し，非対称な信頼区間が得られるのが特徴である．

Miwa and Hayter(1999)ではスチューデント化した統計量を扱っているが，ここでは本節の設定に合せ σ は既知で 1 とする．いま，θ の領域を

$\theta>0$ および $\theta \leq 0$ に分割し,そのそれぞれに対して次のように受容域を構成する.

$$\theta>0 \text{ に対し},\quad A(\theta): |y-\theta| < K_{\alpha/2},$$
$$\theta \leq 0 \text{ に対し},\quad A(\theta): \ y-\theta < K_{\alpha}.$$

この反転から得られる信頼区間は次のようになる.

$$\begin{array}{rl}
y > K_{\alpha/2} & \to \ y - K_{\alpha/2} < \theta < y + K_{\alpha/2} \\
K_{\alpha} < y \leq K_{\alpha/2} & \to \ \qquad 0 < \theta < y + K_{\alpha/2} \\
-K_{\alpha/2} < y \leq K_{\alpha} & \to \ y - K_{\alpha} < \theta < y + K_{\alpha/2} \\
y \leq -K_{\alpha/2} & \to \ y - K_{\alpha} < \theta \leq 0
\end{array} \quad (40)$$

(39)式および(40)式の第1式および第2式をそれぞれ比較すると,(40)式の方が信頼上限をやや緩和する代償として,信頼下限を厳しくしていることがわかる.とくにこれを3.2節で述べた臨床試験の問題に応用すると有意水準 α の片側検定をクリアーすると優越性が言えることになる.その場合,(39)では同等以上($\theta \geq 0$)が言えたのに対し,はじめから指向性をもって信頼区間を構成することにより,より強い主張が出来るというわけである.

4.3 同時信頼区間

1元配置の設定でも,平均値の一様性の仮説が棄却されたときに,そこで推論を終えることはあり得ない.例えば,最適な処理を1つ選ぶというようなことが必ず付随するはずである.また,処理によって経費が相当に違う場合には,処理差がデータの同一水準(処理)内での繰り返しのばらつき程度しかないときは,何がなんでも点推定値 $\bar{y}_{i\cdot}$ の最大の処理を選ぶのではなく,経費の安い方を選ぶということもあり得る.そこですべての組合せについて処理差 $\mu_i - \mu_j$ に対して区間推定を行い,95%信頼区間内に0を含むようなものは有意差なしとする考え方が成り立つ.ただしその場合の信頼区間は個々に信頼率0.95を保証するのではなく,すべての信頼区間が同時に真の差 $\mu_i - \mu_j$ を含むようなものでなければならない.そのように構成される信頼区間を同時信頼区間という.1元配置においては,各

種検定に対応してその反転からそれぞれ特徴ある同時信頼区間が得られる．

(a) すべての対比較に対する同時信頼区間(Tukey 法)

2.1 節(a)で述べた Tukey 法の棄却域を反転することにより，次のような同時信頼区間が得られる．ただし，それは繰り返し数が揃っている場合には正確な，不揃いの場合には安全側の(保守的な)同時信頼区間を与える．

$$\bar{y}_i - \bar{y}_j - \sqrt{\frac{1}{n_i} + \frac{1}{n_j}} \hat{\sigma} q_{\alpha/2}(a, n-a)$$
$$\leq \mu_i - \mu_j \leq \bar{y}_i - \bar{y}_j + \sqrt{\frac{1}{n_i} + \frac{1}{n_j}} \hat{\sigma} q_{\alpha/2}(a, n-a) \quad (41)$$

ただし，$q_{\alpha/2}(a, n-a)$ は水準数 a, $\hat{\sigma}$ の自由度 $n-a$ の場合のスチューデント化された範囲の上側 $\alpha/2$ 点である．

少なくとも 1 つの差 $\mu_i - \mu_j$ について信頼区間(41)が 0 を含まないことと，Tukey 法による同時検定が有意水準 α で有意となることが同値である．

(b) すべての対比に対する同時信頼区(Scheffé 法)

任意の対比を $\boldsymbol{l}'\boldsymbol{\mu}$ と表すと，その最小二乗推定量は $\boldsymbol{l}'\hat{\boldsymbol{\mu}} = \boldsymbol{l}'\bar{\boldsymbol{y}}$ で，その分散は

$$V(\boldsymbol{l}'\bar{\boldsymbol{y}}) = \boldsymbol{l}'\mathrm{diag}\left(\frac{1}{n_i}\right)\boldsymbol{l}\sigma^2$$

で与えられる．これより同時信頼区間

$$\boldsymbol{l}'\bar{\boldsymbol{y}} - \left\{\boldsymbol{l}'\mathrm{diag}\left(\frac{1}{n_i}\right)\boldsymbol{l} \cdot (a-1) \cdot F_\alpha(a-1, n-a)\right\}\hat{\sigma} \leq \boldsymbol{l}'\boldsymbol{\mu}$$
$$\leq \boldsymbol{l}'\bar{\boldsymbol{y}} + \left\{\boldsymbol{l}'\mathrm{diag}\left(\frac{1}{n_i}\right)\boldsymbol{l} \cdot (a-1) \cdot F_\alpha(a-1, n-a)\right\}^{1/2}\hat{\sigma} \quad (42)$$

が得られる．ただし，$F_\alpha(a-1, n-a)$ は自由度 $(a-1, n-a)$ の F 分布の上側 α 点である．少なくとも 1 つの対比 $\boldsymbol{l}'\boldsymbol{\mu}$ について信頼区間(42)が 0 を含まないことと，有意水準 α の F 検定が有意になることが同値である．Scheffé 法と Tukey 法の詳細な比較については Scheffé(1953)および廣津(1976)を参照されたい．大雑把にいうと，その構成法から当然ながら，

対比較に限定するときは Tukey 法が効率がよく，より一般の対比についても興味のあるときは Scheffé 法の方が優れる．

(c) 標準処理との差に対する同時信頼区間（**Dunnett 法**）

Dunnett の多重比較法からは標準処理との差に対する同時信頼区間,

$$\bar{y}_i - \bar{y}_1 - \sqrt{\frac{1}{r} + \frac{1}{n_1}}\hat{\sigma} d''_\alpha(a-1, n-a) \leq \mu_i - \mu_1$$
$$\leq \bar{y}_i - \bar{y}_1 + \sqrt{\frac{1}{r} + \frac{1}{n_1}}\hat{\sigma} d''_\alpha(a-1, n-a) \quad (43)$$

が得られる．ただし，$d''_\alpha(a-1, n-a)$ は $n_2 = \cdots = n_a = r$ のときに Dunnett により得られた両側 α 点で，広津(1992a)の付表として収録されている．しかし第 2 章でも述べたように，現在は繰り返し数不揃いの場合に α 点が容易に求められるので，より一般的に構成することができる．

(d) 単調制約下での同時信頼区間

本節では 1 元配置の設定で水準に自然な順序があり，母平均の間に単調仮説

$$\mu_1 \leq \mu_2 \leq \cdots \leq \mu_a \quad (44)$$

が仮定できる場合を考える．この場合は上位の μ_i と下位の μ_i の差に対する信頼下限の構成に興味を持たれるが，中でも

$$\sum c_i \mu_i, \quad \sum c_i = 0, \quad \frac{c_1}{n_1} \leq \cdots \leq \frac{c_a}{n_a}$$

で定義される単調対比がよく研究されている．いま，

$$\bar{\mu}_i = \frac{n_1 \mu_1 + \cdots + n_i \mu_i}{n_1 + \cdots + n_i}, \quad \bar{\mu}_i^* = \frac{n_{i+1}\mu_{i+1} + \cdots + n_a \mu_a}{n_{i+1} + \cdots + n_a}$$

と定義すると，単調対比は $\mu_a - \bar{\mu}_i, \bar{\mu}_i^* - \mu_1$ あるいは，

$$\bar{\mu}_j^* - \bar{\mu}_i, \quad 1 \leq i \leq j \leq a-1$$

のような興味ある対比を包含している．ここで，

$$\bar{\mu}_i^* - \bar{\mu}_i, \quad i = 1, \cdots, a-1$$

については $\max t$ 統計量の各成分

$$\frac{1}{\hat{\sigma}} \cdot \frac{N_i N_i^*}{n} \left(\frac{Y_i^*}{N_i^*} - \frac{Y_i}{N_i} \right)$$

の反転からただちに同時信頼下限

$$\bar{\mu}_i^* - \bar{\mu}_i \geq \frac{Y_i^*}{N_i^*} - \frac{Y_i}{N_i} - \hat{\sigma} \left(\frac{1}{N_i} + \frac{1}{N_i^*} \right)^{1/2} T_\alpha(n-a) \quad (45)$$

が得られる．ただし，$T_\alpha(\nu)$ は自由度 ν の $\max t$ 統計量の上側 α 点である．なお，$T_\alpha(\nu)$ は $n_i, i=1,\cdots,a,$ に依存するが，繁雑になるので記号からは省く．ここで，$\bar{\mu}_i^* - \bar{\mu}_i$ はいわば単調対比の規底に当たるから，他の単調対比についても (45) 式の正係数線形結合としてただちに信頼下限を求めることができる．たとえば $\bar{\mu}_j^* - \bar{\mu}_i (i \leq j)$ が一意に

$$\frac{1}{n} \left\{ N_j (\bar{\mu}_j^* - \bar{\mu}_j) + N_i^* (\bar{\mu}_i^* - \bar{\mu}_i) \right\} \quad (46)$$

と表されることは容易に確かめられる．

さらに，単調性の仮定より，

$$\bar{\mu}_j^* - \bar{\mu}_i \geq \bar{\mu}_m^* - \bar{\mu}_l , \quad i \leq l \leq m \leq j$$

だから，上述の方法で得られる $\bar{\mu}_j^* - \bar{\mu}_i$ の信頼下限を $\mathrm{SLB}(i;j)$ と表すと，自明な改良信頼下限

$$\bar{\mu}_j^* - \bar{\mu}_i \geq \max_{i \leq l \leq m \leq j} \mathrm{SLB}(l;m) \quad (47)$$

も得られる．

このような単調仮説の下での同時信頼区間を扱った論文は検定方式に比べ比較的少ないが，Hayter が次で定義される対比

$$\sum c_i \mu_i , \quad \sum c_i = 0 , \quad \sum_{i=1}^{j} c_i \leq 0 \quad (1 \leq j \leq a-1)$$

に対する信頼下限に関して，スチューデント化された範囲の片側検定 (廣津，1976；Hayter, 1990) に基づく方法と，Marcus(1982) による方法とを比べている．そこで，それらの方法と $\max t$ 法との比較を表 4 に与える (Hirotsu and Srivastava, 2000)．ただし，σ^2 は既知として繰り返し数は等しい場合を扱っている．表中の数字は $\max t$ 法の Hayter (上の数字) および Marcus (下の数字) それぞれに対する効率を表しており，その逆数の 2 乗がそれぞれの

表 4 $\max t$ 法と片側スチューデント化範囲および Marcus 法との効率比較

対比		K						
		3	4	5	6	7	8	9
$\mu_K - \mu_1$		0.941	0.924	0.920	0.920	0.922	0.924	0
		0.967	0.986	1.108	1.053	1.089	1.124	1
$\mu_K - \bar{\mu}_2$	or	[1.254]	1.172	1.141	1.126	1.120	1.117	1
$\bar{\mu}^*_{K-2} - \mu_1$		[1.116]	1.083	1.093	1.117	1.146	1.177	1
$\mu_K - \bar{\mu}_3$	or		[1.387]	1.306	1.270	1.252	1.242	1
$\bar{\mu}^*_{K-3} - \mu_1$			[1.208]	1.180	1.188	1.208	1.234	1
			[1.601]	1.502	1.454	1.428	1.411	1
$\bar{\mu}^*_{K-2} - \bar{\mu}_2$			[1.207]	1.175	1.177	1.193	1.214	1
$\mu_K - \bar{\mu}_4$	or			[1.472]	1.397	1.362	1.341	1
$\bar{\mu}^*_{K-3} - \mu_1$				[1.287]	1.265	1.272	1.290	1
$\bar{\mu}^*_{K-2} - \bar{\mu}_3$	or			[1.802]	1.703	1.650	1.617	1
$\bar{\mu}^*_{K-3} - \bar{\mu}_2$				[1.286]	1.259	1.259	1.270	1

方法と同じ幅の信頼区間を与えるために必要な $\max t$ 法の例数の比を表している.

なお,表 4 中 □ で囲んだ数字は (45) 式で表される $\max t$ の基本対比に対応しているため,$\max t$ 法の効率がとくに高い.一方,スチューデント化された範囲の場合は,単調対比に属さない中間の対比較 $\mu_j - \mu_i (i \neq 1$ and/or $j \neq a)$ にも信頼下限を与えることができるが,単調仮説の下ではやはり $\bar{\mu}^*_j - \bar{\mu}_i (i \leq j)$ のように,上方水準と下方水準のどの部分で有意な差が観測されるかにより興味があるだろう.

例 5.1 表 5 は処理温度 $T_1 < T_2 < T_3 < T_4$ で得られたフェライトコアの磁力を各水準につき 5 個の資料で測定した結果である.この場合,母平均に単調仮説 (43) を仮定するのが自然なので本節の方法を適用する.いま,$\hat{\sigma} = 0.3691$, $T_{0.05}(4.16) = 2.223$ であることより,基本対比 (45) に対して

$\text{SLB}(1;1) = 0.3763$, $\text{SLB}(2;2) = 0.3333$, $\text{SLB}(3;3) = -0.0237$

を得る.一般の $\bar{\mu}^*_j - \bar{\mu}_i (i \leq j)$ については (46) 式より

$$\frac{1}{n} \{N_j \text{SLB}(j;j) + N^*_i \text{SLB}(i;i)\}$$

が信頼下限を与える.この計算結果は表 6 にまとめる.表 6 には (47) 式で

表 5 フェライトコア強度

処理温度	データ					平均
τ_1	10.8	9.9	10.7	10.4	9.7	10.3
τ_2	10.7	10.6	11.0	10.8	10.9	10.8
τ_3	11.9	11.2	11.0	11.1	11.3	11.3
τ_4	11.4	10.7	10.9	11.3	11.7	11.2

表 6 信頼下限

i	j	対比	SLB$(i;j)$	(48)式による改良信頼下限
1	1	$\dfrac{\mu_2+\mu_3+\mu_4}{3} - \mu_1$	0.38	0.38
1	2	$\dfrac{\mu_3+\mu_4}{2} - \mu_1$	0.45	0.45
1	3	$\mu_4 - \mu_1$	0.26	0.45
2	2	$\dfrac{\mu_3+\mu_4}{2} - \dfrac{\mu_1+\mu_2}{2}$	0.33	0.33
2	3	$\mu_4 - \dfrac{\mu_1+\mu_2}{2}$	0.15	0.33
3	3	$\mu_4 - \dfrac{\mu_1+\mu_2+\mu_3}{3}$	−0.02	−0.02

与えられる改良信頼下限も示してある．この表から得られる総合判断は上位 2 水準 $(3,4)$ の下位 2 水準 $(1,2)$ に対する優位性であろう．

なお，表 4 より単調対比の中で $\mu_a - \mu_1$ だけは対比較法であるスチューデント化された範囲が優れる．因みにこの例でも，$\mu_4 - \mu_1$ に対する信頼下限は 0.30 となって max t 法の 0.26 を改良するが改良信頼下限 0.45 には及ばない．もちろん，単調仮説の下ではスチューデント化された範囲にも同様の改良が可能であり，0.30 を $\mu_3 - \mu_1$ に対する信頼下限 0.40 で置き換えることができるが，それは max t 法の改良信頼下限には及ばない．

max t 法の利点の 1 つは例数が不揃いのときの有意点計算の簡便さである．2.1 節(a)で述べたように，例数不揃いの場合のスチューデント化された範囲に対する有意点計算は，水準数が大きくなると困難である．

以上，単調対比について考えたが，母平均そのものに対する信頼上限や下限，さらに単調性に加えて凹性仮説も仮定できるときの改良については

Hirotsu and Srivastava(2000)を参照されたい．

5 交互作用の多重比較

5.1 因子の種類と交互作用

　交互作用解析は様々な統計分析の鍵と言える．それは単に分散分析モデルに限らず，分割表解析や多項分布比較など広範な応用を持っている．それにもかかわらず，多くの場合単に無交互作用の検証を目的とした総括検定が行われることが多い．しかしながら，交互作用はそれを構成する因子の種類によって解析の目的や解析結果への対応の取り方が種々異なり，とても通り一遍の総括検定では済まされない．

　2元配置分散分析モデルでは，通常両方の因子が制御因子である場合を対象とし，最適水準組合せを求める手法のみが扱われている．しかしながら，例えば一方の因子が標示因子の場合，標示因子は最適選択の対象ではなく，標示因子の水準ごとに制御因子の最適水準を求めることが目的となる．たとえば稲の国際適性試験の例(後述)でいえば，最適な地域以外は稲作中止というアクションをとるのでないかぎり，地域は選択の対象ではなく，各地域ごとに最適な稲品種を定めるのが目的になる．その場合，多くの地域にそれぞれ別の稲品種を用意するのは種の保存など，いろいろ煩雑な問題があるので，似通った地域を大きくまとめて少数の稲品種ですますための手法が望まれる．それには標示因子の水準の多重比較が有用であり，2元表の行あるいは列ごとの多重比較という手法が要請される．その方法は，制御因子同士の場合にも，最適組合せを単にセル平均の比較から決定する方法に替えて用いることができる．

　次に，一方の因子が温度その他の使用環境あるいは起炎菌，重症度のように実験室では同定できても実際の現場では同定できずノイズとして働く変動因子(誤差因子)である場合を考える．この場合は，変動因子の変動を

超えて有意に優れる制御因子の水準を探す,あるいは変動因子の変化に対して安定した特性値を与える制御因子の水準を見つける等のことが目的となる．そのためにも制御因子の水準ごとの,変動因子を振ったときの,応答プロファイルの多重比較が有用な手法となる．

5.2 行(列)ごとの多重比較法定式化

本節では繰り返しのない2元配置モデル

$$y_{ij} = \mu_{ij} + \varepsilon_{ij}, \quad i=1,\cdots,a\,;\, j=1,\cdots,b \tag{48}$$

を考える．繰り返しがある場合は,本節における取り扱いの他に純粋な誤差分散推定量が得られるという違いがある．

行ごとの多重比較の基となる交互作用要素を

$$L(m;n) = \frac{1}{\sqrt{2}} P_b'(\mu_m - \mu_n) \tag{49}$$

で定義する．ただし,$\mu_i' = (\mu_{i1},\cdots,\mu_{ib'})$ は行の第 i 水準の応答ベクトル,P_b' は $P_b'P_b = I_{b-1}, P_b'j = 0$ を満たす $(b-1) \times b$ 直交行列で,$L(m;n) = 0$ は第 m 水準と第 n 水準の応答が平行であることを意味する．次に $L(m;n) = 0$ とみなされるような水準をいくつかプールして群を構成した場合の群間交互作用を(49)と矛盾しないように定義する．それには一般性を失うことなく2群を $G_1 = \{1,\cdots,q_1\}, G_2 = \{q_1+1,\cdots,q_1+q_2\}$ とするとき,

$$L(G_1;G_2) = \left(\frac{1}{q_1} + \frac{1}{q_2}\right)^{-1/2} \left\{\left(\frac{1}{q_1}\cdots\frac{1}{q_1}\frac{1}{q_2}\cdots\frac{1}{q_2}0\cdots0\right) \otimes P_b'\right\}\mu$$

$$= \left(\frac{q_1 q_2}{q_1 + q_2}\right)^{1/2} P_b'(\bar{\mu}_{G_1} - \bar{\mu}_{G_2}) \tag{50}$$

と定義すればよい．ただし,μ は μ_{ij} を辞書式に並べたベクトル,

$$\mu_{G_1} = \frac{1}{q_1}(\mu_1 + \cdots + \mu_{q_1}),$$

$$\mu_{G_2} = \frac{1}{q_2}(\mu_{q_1+1} + \cdots + \mu_{q_1+q_2})$$

は各群の平均ベクトルである．この2群間交互作用要素は次のように多群

間の交互作用要素に拡張される.

$$L(G_1; G_2; \cdots; G_m) = P_b'(\gamma_1 \boldsymbol{\mu}_1 + \gamma_1 \boldsymbol{\mu}_1 + \cdots + \gamma_a \boldsymbol{\mu}_a),$$
$$\gamma_i = \lambda_l \quad \text{if} \quad l \in G_l, \quad \sum q_l \lambda_l = 0, \quad \sum q_l \lambda_l^2 = 1 \tag{51}$$

ここで交互作用要素の大きさを表す統計量(群間の 2 乗距離)を次のように定義する.まず,(50)(および(49))に関しては,単に $\boldsymbol{\mu}_i$ に $\boldsymbol{y}_i$ を代入して

$$S(G_1; G_2) = \left\| \left(\frac{q_1 q_2}{q_1 + q_2} \right)^{1/2} P_b'(\bar{\boldsymbol{y}}_{G_1} - \bar{\boldsymbol{y}}_{G_2}) \right\|^2 \tag{52}$$

とする.ただし,$\bar{\boldsymbol{y}}_{G_1}$ はグループ G_1 に属する水準に関する平均ベクトルである.次に(51)式は未定係数 λ_l を含んでいるので,

$$S(G_1; G_2; \cdots; G_m) = \max_{(\lambda_1, \cdots, \lambda_l)} \left\| P_b'(\gamma_1 \boldsymbol{y}_1 + \gamma_2 \boldsymbol{y}_2 + \cdots + \gamma_n \boldsymbol{y}_n) \right\|^2 \tag{53}$$

を群間 2 乗距離とする.数値的に(53)式は行列

$$W = \sum_{l=1}^{m} q_l P_b'(\bar{\boldsymbol{y}}_{G_l} - \bar{\boldsymbol{y}})(\bar{\boldsymbol{y}}_{G_l} - \bar{\boldsymbol{y}})' P_b$$

の最大固有値として求められる(Hirotsu, 1991).

ここで,(52),(53)式の統計量は明らかに最大統計量

$$\chi_{\max}^2 = \max_{\gamma} \left\| (\boldsymbol{\gamma}' \otimes P_b') \boldsymbol{y} \right\|^2$$
$$= \max_{\gamma} \{ (\gamma_1 \boldsymbol{y}_1 + \cdots + \gamma_a \boldsymbol{y}_a)' P_b P_b' (\gamma_1 \boldsymbol{y}_1 + \cdots + \gamma_a \boldsymbol{y}_a) \} \tag{54}$$

で上から押えられる.しかるに $a \geq b$ の時 $\chi_{\max}^2$ の帰無分布はウイシャート行列 $\sigma^2 W(I_{b-1}, a-1)$ の最大固有値の分布に等しい.そこで,行間 2 乗距離を基本にワード法類のクラスタリングを進め,最後に一般化群間 2 乗距離をウイシャート分布で評価することにより,有意性を判定することができる.実際には攪乱母数である σ^2 を消去するために群間 2 乗距離を通常の交互作用平方和($\sigma^2 \text{tr}(W)$ に等しい)で除した統計量を用いる.

この手法を稲の国際適応試験に応用した例が廣津(1976)にある.そこでは日本,韓国,東南アジア等の 44 地域で 18 品種の稲が育生され,44×18 の収率データが得られた.ここで地域は標示因子であり,その 18 品種の稲へのレスポンスの類似性から,日本の東北地方・韓国;日本西南暖地;亜熱

帯地域；ネパール；エジプト；メキシコの 6 地域に分類された．一方，稲品種は明確に台湾種；日本・韓国・米国種；インド型外米種；ハイブリッド種の 4 種類とされ，6 地域のそれぞれに最適な品種群が特定された．このデータは多くの研究者により様々な非線形交互作用モデルを当てはめる試みがなされたが，最も説得力のあったのがこの標示因子と制御因子の群分けによって得られた最適組合せであった．

5.3 経時測定データ解析への応用

　高血圧や高脂血症の治療では，特性値の増大あるいは減少傾向に興味があり，各患者について経時的にデータが取られる．そこで a 人の患者が b 点で定期観測されることにより $a \times b$ データが取られ，増加傾向，減少傾向に従って患者を分類することに興味が持たれる．下降傾向を示したグループが改善群，上昇が悪化群そしてランダム変動を除いて平行に推移したグループが不変群というわけである．この定式化と例を 5.3 節 (a) で与える．

　一方，ここに 24 時間の間 1 時間おきに血圧を自動測定したデータがある．血圧は 24 時間後にはほぼ初期値に復するから，このデータでは前述のような上昇・下降のトレンドに興味があるわけではない．実は血圧は健常人においては夜間適度に低下するが，これが平坦であったりあるいは上昇するグループが存在し，ある種の病気と関連付けられている．近年は過度に低下するケースも好ましくないとされている．さらに明け方に起こる血圧の異常変動による脳卒中や心筋梗塞が多いことも知られている．これらのことにより近年の降圧治療は単に平均血圧をコントロールするのではなく，24 時間プロファイルをコントロールする方向に進みつつある．そこで経時的な反応曲線の凹凸に注目したプロファイル解析について 5.3 節 (b) で述べることとする．

（a）上昇・下降トレンドに注目したプロファイル解析

　2.1 節 (e) で述べたように単調性を満たす平均ベクトルを表現するためのコーナーベクトルは $D_b(D_b'D_b)^{-1}$ で与えられる．そこで被験者 i の平均ベ

クトルをこのコーナーベクトル上に射影し，その大きさを被験者間で比較すればよい．そこで規準化コーナーベクトルを並べた $b \times (b-1)$ 行列を P_b^* と表し，$P_b^{*\prime} \mu_i$ (あるいは $P_b^{*\prime} y_i$) を被験者間で比べればよい．このとき，差の 2 乗和を統計量とすると，それは結局前節の手順で，P_b' を $P_b^{*\prime}$ に置換えることになる．この際の参照分布はウイシャート行列 $W(P_b^{*\prime} P_b^*, a-1)$ の最大固有値とトレースの比ということになる．実際には，誤差評価のために単純なトレースを取る替りに，系統的な変動を避け，ランダム変動を表すような統計量が工夫される．

この手法を 23 人の高脂血症患者について 6ヶ月の間，1ヶ月ごとにコレステロール量を測定したデータへ適用した例が Hirotsu(1991) に与えられている．ここでは簡単に結果を紹介するので詳しくは，分布論の詳細と共に原著を参照されたい．

被験者はプラセボ群(12 人)と実薬群(11 人)にランダムに割り当てられているので，それぞれの群ごとの経時プロファイルを図 3 に示した．ただし，測定値から総平均を引き，$y_i - \bar{y}$ をプロットしてある．一見したところ，プラセボ群と実薬群に明らかな差は見られない．このデータに本節の手法を適用した結果，改善群 G_1, 不変群 G_2, 悪化群 G_3 と特徴付けられる 3 群への有意な群分けが得られた(図 4)．興味ある結果として，実薬群の被験者が 3 群に均等に分布したのに対し，プラセボ群は不変群に集中した(表 7)．この結果は実薬はプラセボとは異なる作用を持っているものの，それは改善を促進するという単純なものではないことを示している．また，このデータを多変量データと見たときに，実薬とプラセボ群の差異は平均ベクトルの違いではなく分散行列の違いであることが示唆される．したがって，通常の等分散性を仮定して平均ベクトルの違いを検証する類の多変量解析法では，この差異は見つけられない．なお，実薬が真に有効な場合は表 7 を作成したときに，実薬群が左方の(改善の)カテゴリにシフトした分布に従うはずである．

(b) 凹凸のパターンに注目したプロファイル解析

図 5 に 147 人の被験者に対する 1 時間おきの自動計測による 24 時間血

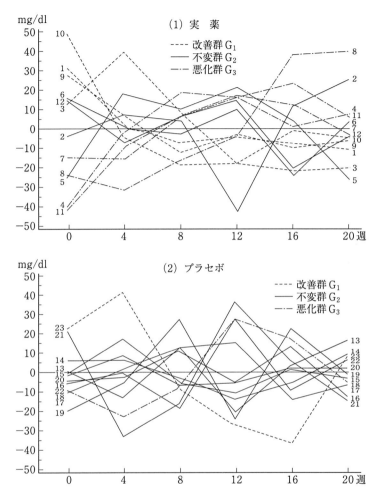

図 3 経時プロファイル(改善群,不変群,悪化群は本節の解析法で得られた3つのクラスタ)

圧測定値を示した.これらの被験者を,凹凸のパターンに注目して分類する手法を考察するのが本節の目標である.

ここで,被験者 i のパターンが下に凸であることは

$$\mu_{ij} - \mu_{ij+1} + \mu_{ij+2} \geq 0, \quad j = 1, \cdots, b-2 \quad (55)$$

と定式化される.あるいは

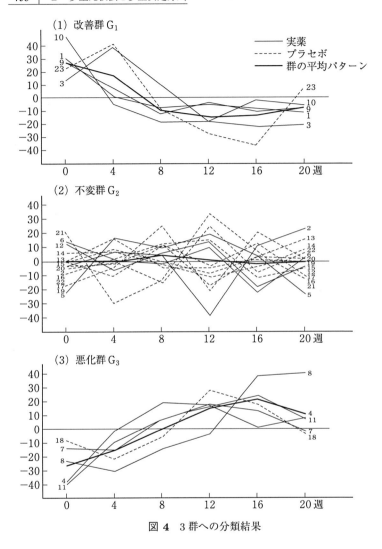

図 4　3 群への分類結果

$$\mu_{i1} - \mu_{i2} \geq \mu_{i2} - \mu_{i3} \geq \cdots \geq \mu_{ib-1} - \mu_{ib} \quad (56)$$

というように，差分に関する単調性で表すこともできる．ここで 2 階差分を表す行列を

表 7　3 薬剤の 3 群上での分布

薬剤	改善度		
	改善 G_1	不変 G_2	悪化 G_3
M	4	4	4
P	1	9	1

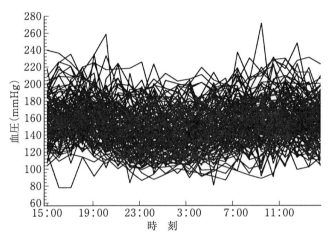

図 5　147 人の血圧 24 時間値

$$L'_b = \begin{bmatrix} 1 & -2 & 1 & 0 & 0 & \cdots & \cdots & \cdots & 0 \\ 0 & 0 & 1 & -2 & 1 & \cdots & \cdots & \cdots & 0 \\ & & & \cdots & \cdots & \cdots & & & 0 \\ 0 & 0 & 0 & 0 & 0 & \cdots & 1 & -2 & 1 \end{bmatrix}_{b-2 \times b}$$

とすると，(55)あるいは(56)が定義する凸錐のコーナーベクトルは

$$L_b(L'_b L_b)^{-1} \tag{57}$$

で表される．差分行列の場合に $D_b(D'_b D_b)^{-1}$ の各列が階段型変化点モデルを表したのに対し，(57)式の各列はスロープ変化モデルを表す(Hirotsu and Marumo, 2002)．結局本節の場合は各被験者の平均ベクトルをこの規準化コーナーベクトル上に射影し，その大きさを比較すればよいことになる．そこで(57)式を規準化した $b \times b-2$ 行列を $P_b^{\dagger \prime}$ として，前節の $P_b^{*\prime}$ を $P_b^{\dagger \prime}$ に置き換えればよい．ただし，前節との大きな違いは測定値の性質上系

列相関が免れないことである．本節で導入した $P_b^{\dagger\prime}$(あるいは前節の $P_b^{*\prime}$)は本来，平均ベクトルの系統的な変動を検出するために考案されたものであるので，必然的に系列相関にも敏感な統計量となっている．そこで当該データの解析では系列相関を避けるために，2点おきに2点のデータを平均したデータを解析した(Hirotsu et al., 2003 も参照)．さらに前節同様，誤差評価には，凹凸のような系統的な変化に敏感でない統計量が用いられた．当該データの解析の結果得られた4群を図6に示す．これらは通常医師の指摘する4群(超下降：Extended Dipper，下降：Dipper，平坦：Non-Dipper，上昇：Inverted Dipper)に対応しており，群2が正常，群3,4は治療を要する異常群である．群1については今のところ，特別な疾患との結びつきは報告されていない．このような手法は，最近主張される個の医療(taylor made medicine)に有用といえる．

(1) 夜間超下降型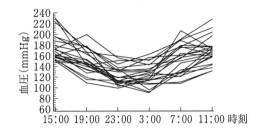

(2) 正常プロファイル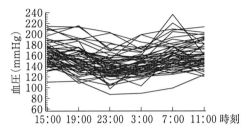

(3) 平坦型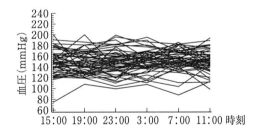

(4) 夜間上昇型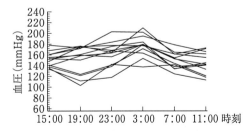

図 6　5群への分類結果

あとがき

　総括的な検定方式，およびその反転で得られる通り一遍の信頼区間方式に替えて，多重決定方式，および対応する信頼区間について述べた．それらはリスク評価，有効性評価，同等性評価などの実質科学的諸問題に有用である．紙数の制限上，本論では原理を簡単に述べるに留めたので，興味ある読者は是非関連する原著を参照して欲しい．

　本論は正規分布に基づく方法のみを扱っているが，同様の方法は離散データ等にも適用可能である．特に特性値がカテゴリカルデータの場合は応答カテゴリが1つの要因を形成するため1元配置が2次元分割表に対応し，5章で述べた行ごとの交互作用比較が主解析となる．また，その場合は順序応答である場合も多く，5.3節で述べた方法が有用となる．そのいろいろな応用例については広津(1992a,b,2004)等を参照してほしい．いずれにせよ，理論に留まることなく，是非応用を試みてもらえれば幸いである．

参考文献

Armitage, P. and Palmer, M. (1986): Some approaches to the problem of multiplicities in clinical trials. *Proceedings, 13th Int. Biometrics Conf.*, Invited Papers, 1-15.

Bauer, P., Röhmel, J., Maurer, W. and Hothorn, L. (1998): Testing strategies in multidose experiments including active control. *Statist. Med.* **17**, 2133-2146.

Benjamini, Y. and Hochberg, Y. (1995): Controlling the false discovery rate: A practical and powerful approach to multiple testing. *J. Roy. Statist. Soc. B*, **57** (2), 289-300.

Hawkins, A. J. (1977): Testing a sequence of observations for a shift in location. *J. Amer. Statist. Assoc.* **72**, 180-186.

Hayter, A. J. (1984): A proof of the conjecture that the Tukey-Kramer multiple comparisons procedure is conservative. *Ann. Statist.* **12**, 61-75.

Hayter, A. J. (1990): A one-sided Studentized range test for testing against a simple orderd alternative. *J. Amer. Statist. Assoc.* **85**, 778-785.

Hirotsu, C. (1979): An F-approximation and its application. *Biometrika* **66**, 577-584.

Hirotsu, C. (1982): Use of cumulative efficient scores for testing ordered alternatives in discrete models. *Biometrika* **69**, 567-577.

Hirotsu, C. (1986): Cumulative chi-squared statistic as a tool for testing goodness of fit. *Biometrika* **73**, 165-173.

Hirotsu, C. (1991): An approach to comparing treatments based on repeated measures. *Biometrika* **78**, 583-594.

Hirotsu, C., Kuriki, S. and Hayter, A. J. (1992): Multiple comparison procedures based on the maximal component of the cumulative chi-squared statistic. *Biometrika* **79**, 381-392.

Hirotsu, C. and Marumo, K. (2002):change point analysis as a method for isotonic inference. *Scandinavian Journal of Statistics* **29**, 125-138.

Hirotsu, C., Ohta, E., Hirose, N. and Shimizu, K. (2003): Profile analysis of 24-hours measurements of blood pressure. To appear in *Biometrics*.

Hirotsu, C. and Srivastava, M. S. (2000): Simultaneous confidence intervals based on one-sided max t test. *Statist. Probab. Lett.* **49**, 25-37.

Hochberg, Y. and Tamhane, A. C. (1987): Multiple comparisons procedures. John Wiley, New York.

Holm, S. A. (1979): A simple sequentially rejective multiple test procedure. *Scand. J. Statist.* **6**, 65-70.

Kropf, S. and Läuter, J. (2002): Multiple tests for different sets of variables using a data-driven ordering of hypotheses, with an application to gene expression data. *Biometrical J.* **44**, 789-800.

Kuriki, S., Shimodaira, H. and Hayter, T. (2002): On the isotonic range statistic for testing against an ordered alternative. *J. Statist. Planning and Inference* **105**, 347-362.

Läuter, J. (1996): Exact t and F tests for analizing studies with multiple endpoints. *Biometrics* **52**, 964-970.

Marcus, R. (1976): The powers of some tests of the equality of normal means against an ordered alternative. *Biometrika* **63**, 177-183.

Marcus, R. (1982): Some results on simultaneous confidence intervals for monotone contrasts in one-way ANOVA model. *Comm. Statist. Part A-Theory Methods* **11**, 615-622.

Marcus, R., Peritz, E. and Gabriel, K. R. (1976): On closed testing procedures with special reference to orderd analysis of variance. *Biometrika* **63**, 655-660.

Miwa, T. and Hayter, T. (1999): Combining advantages of one-sided and two-sided test procedures for comparing several treatment effects. *J. Amer. Statist. Assoc.* **94**, 302-307.

Shaffer, J. P. (1986): Modified sequentially rejective multiple test procedures. *J. Amer. Statist. Assoc.* **81**, 826-831.

Scheffé, H. (1953): A method for judging all contrasts in the analysis of variance. *Biometrika* **40**, 87-104.

Westfall, P. H. and Krishen, A. (2001): Optimally weighted, fixed sequence, and gatekeeping multiple testing procedures. *J. Statist. Planning and Inference* **99**, 25-40.

Williams, D. A. (1971): A test for differences between treatment means when several dose levels are compared with a zero dose control. *Biometrics* **27**, 103-117.

竹内啓(1973): 数理統計学の方法的基礎,東洋経済新報社.

廣津千尋(1976): 分散分析. 教育出版, 東京.

広津千尋(1992a): 実験データの解析——分散分析を超えて. 共立出版, 東京.

広津千尋(1992b): 臨床試験データの統計解析, 廣川書店, 東京.

広津千尋(2004): 医学・薬学データの統計解析——データの整理から交互作用多重比較まで. 東京大学出版会, 東京.

III

推定と検定への幾何学的アプローチ

公文雅之

目　次

1 統計モデルの幾何学　117
　1.1　統計モデルの多様体　117
　1.2　接空間と Riemann 計量　121
　1.3　統計モデルの部分モデル　129
　1.4　統計モデルの補助族　131

2 曲指数分布族における統計的推論　135
　2.1　指数型分布族　135
　2.2　曲指数分布族　138
　2.3　統計的推論の幾何学的側面　141
　2.4　Edgeworth 展開　144

3 推定の漸近理論　146
　3.1　推定量の一致性と有効性　146
　3.2　推定量の2次，3次有効性　149

4 検定，区間推定の漸近理論　157
　4.1　検定に付随する補助族　157
　4.2　検出力の漸近的評価——スカラー母数の場合　170
　4.3　3検定の漸近的特徴　177
　4.4　区間推定の漸近的性質　182
　4.5　検出力の漸近的評価——ベクトル母数の場合　189

5 攪乱母数のある推定，検定　196
　5.1　攪乱母数のある統計モデル　196
　5.2　推定の漸近理論　197
　5.3　相似検定の漸近理論　203

III 推定と検定への幾何学的アプローチ

「実験，観測などで得られた数値データを，ある確率分布に従う確率変数の実現値であると見做して，その確率分布についての情報を求める．」これが統計的推論の基本パターンである．その場合，通常はいくつかの母数で指定される確率分布の族(統計モデル)を設定し，真の分布はそのモデル内にあるものとして母数の値についての推論を行う．

たとえば得られたデータが正規分布に従うと想定されれば，平均 μ と分散 σ^2 という2つの母数で指定される確率分布の族，正規モデル $\{N(\mu, \sigma^2)\}$ を設定し，データから μ や σ^2 の値を推論することになる．

有限個の母数で指定される統計モデルは，確率分布全体の中では有限次元の部分空間で，幾何学的には母数を座標系とする有限次元の多様体と見做せる．たとえば正規モデルは，μ と σ^2 を座標系とする2次元の多様体である．

真の分布が設定した統計モデルに含まれているかどうかはわからないし，推論方式を評価する際，推論された分布(母数)と真の分布との隔たりとか，統計モデルがどういう形をしているかとかが問題となる．

こうしてこれらのイメージを具体化するものとして，分布間の距離，ダイバージェンスや統計モデルの計量，曲率といった幾何学的概念が，統計的推論において意味をもち得ることが予想される．その歴史的経過は，甘利俊一先生の補論に紹介されている．

一般に，観測データの数を増すほど統計的推論はより正確に行うことができ，推論方式の評価に関しても，漸近理論という形で体系化できる．その場合，推論された分布(母数)は真の分布に十分近いから，これらの近傍だけを考えればよい．つまり統計モデルは全体としては曲がっていようとも，推論分布(あるいは真の分布)のまわりでは，局所的に線形化しても構わない．そしてこの線形化レベルでは，統計モデルの Fisher 情報行列が推論方式の評価に基本的な役割を果たす．

幾何学的には，この局所的に線形化された対象を多様体の接空間という．

そして Fisher 情報行列は，この接空間における内積(つまり Riemann 計量)という意味をもっている．

したがって統計的推論の1次の漸近理論は，Fisher 情報行列を内積とする統計モデルの接空間の幾何学を用いて構成される．

2次，3次という高次の漸近理論には，統計モデルのより広い範囲の非線形的性質が係わってくる．これを調べるには，接空間同士の関係を与える接続という概念が必要となり，この接続から曲率が定義される．

したがって統計的推論の高次の漸近理論は，接続，曲率による統計モデルの微分幾何学を用いて構成される．

統計的推論の具体的な方法としては，(点)推定と仮説検定の2つが代表的である．推定はデータから未知母数の値を求めるもので，検定は母数の値を仮定し，データからその値の真偽を判定するものである．

推論の各方式に対してはある評価基準が設けられ，その基準に照らして良い方式が選択される．たとえば，推定の場合には平均2乗誤差の小さい推定量が，検定の場合には検出力の高い検定方式が選ばれる．

本稿では，推定，検定の主に1次の漸近理論を，前述の幾何学的視点から紹介していく．

第1章では，いくつかの母数で指定される確率分布族に関する基本的な幾何学の説明を行う．そこでは，統計モデルという多様体における接空間，Riemann 計量，部分モデル，補助部分族といった概念が紹介される．

第2章では，曲指数分布族という統計モデルにおける統計的推論の方法を示す．そこでは，観測データから得られる十分統計量が，推論方式に付随して2種類の統計量に分解される．そして，それら統計量の漸近分布が与えられる．

第3章は，推定の漸近理論である．そこでは，推定量の一致性，有効性という評価基準の幾何学的意味が示される．そして，最尤推定量の漸近的有効性が確認される．

第4章は，検定の漸近理論である．そこでは，検定方式の検出力という評価基準の幾何学的意味が明らかにされる．そして，Wald 検定，Rao 検定，尤度比検定といった代表的な検定方式の特徴が示される．また，区間

推定の漸近理論も与えられる．

第5章では，攪乱母数がある場合の推定と検定の漸近理論を扱う．そこでは，未知の攪乱母数が推定量の有効性，検定方式の検出力に，どのような影響を与えるかが示される．

Rao，Chentsov，Efron らを先駆者とし，甘利俊一先生が創始された情報幾何学は，1つの学問体系に発展しつつある．筆者はその研究に携わる一人であり，今日も情報幾何学の建設に励んでいる．本稿が，統計的推論を含めた諸分野への幾何学的アプローチの一助となれば幸いである．

1 統計モデルの幾何学

1.1 統計モデルの多様体

標本空間 X(確率変数 x の値域)上の確率分布が，n 個の母数 $\theta = (\theta^1, \theta^2, \cdots, \theta^n)$ によって指定される確率密度関数 $p(x, \theta)$ をもつとする．

$$\theta \in \Theta(\text{母数空間}) \subset \mathbb{R}^n$$

として，確率分布，あるいは密度関数の族

$$S = \{p(x, \theta) \mid \theta \in \Theta\}$$

を X 上の n 次元統計モデルという．

たとえば確率変数 x が平均 μ，分散 σ^2 の正規分布 $N(\mu, \sigma^2)$ に従う場合，$X = \mathbb{R}$ として x の密度関数

$$p(x, \theta) = \frac{1}{\sqrt{2\pi\sigma^2}} \exp\left\{-\frac{(x-\mu)^2}{2\sigma^2}\right\} \quad (1)$$

は，μ(平均)と σ^2(分散)という2つの母数によって指定される．したがって密度関数(1)の族は，$\mathbb{R}$ 上の2次元統計モデルである．この場合母数空間は，上半平面

$$\Theta = \{(\mu, \sigma^2) \mid -\infty < \mu < \infty, \sigma^2 > 0\}$$

になる．これを正規モデルという．

また $X = \{x_1, x_2, \cdots, x_{n+1}\}$ として，確率変数 x が値 x_i をとる確率を
$$\mathrm{Prob}(x = x_i) = p_i$$
とおくと
$$\sum_{i=1}^{n+1} p_i = 1, \quad 0 < p_i < 1, \quad i = 1, \cdots, n+1$$
であり，x の密度関数は
$$p(x, \theta) = \sum_{i=1}^{n+1} \delta(x - x_i) p_i \tag{2}$$
ここで
$$\delta(x - x_i) = 1, \quad x = x_i \text{ のとき}$$
$$\delta(x - x_i) = 0, \quad \text{それ以外のとき}$$
と表され，$p(x, \theta)$ はたとえば $\theta = (p_1, \cdots, p_n)$ という n 個の母数によって指定される．したがって密度関数(2)の族は，$\{x_1, x_2, \cdots, x_{n+1}\}$ 上の n 次元統計モデルである．この場合母数空間は，n 次元錐
$$\Theta = \left\{ (p_1, \cdots, p_n) \mid p_i > 0, \sum_{i=1}^{n} p_i < 1 \right\}$$
になる．これを離散モデルという．

密度関数 $p(x, \theta) \in S$ と母数 $\theta \in \Theta$ は $1:1$ に対応しているから（図1），幾何学的には「n 次元統計モデル S は，θ を座標系，Θ を座標空間とする n 次元多様体である」ともいえる．そして図2のようにイメージすることが可能である．

$p(x, \theta) \in S$ を指定するのに，θ とは別の母数 $\xi = (\xi^1, \xi^2, \cdots, \xi^n) \in \Xi$（$\xi$ の母数空間）を用いてもよい．たとえば正規モデルの場合
$$\theta^1 = \mu, \quad \theta^2 = \sigma^2$$
の代りに
$$\xi^1 = \mu, \quad \xi^2 = \mu^2 + \sigma^2 \ (x \text{ の2次のモーメント})$$
を母数として用いることがある．また離散モデルの場合，$p_1, p_2, \cdots, p_{n+1}$ のうちどの n 個を母数として用いてもよい．

以下，$1:1$ 座標変換
$$\xi = \xi(\theta), \quad \theta = \theta(\xi)$$

1 統計モデルの幾何学

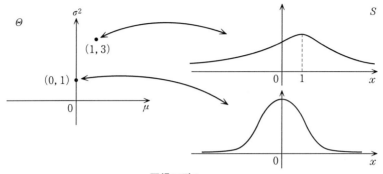

正規モデル

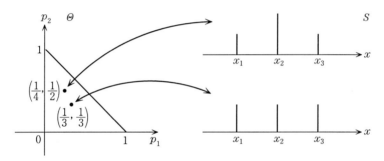

離散モデル

図 1

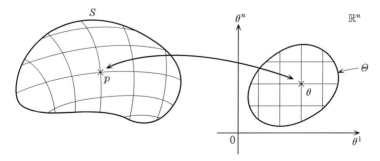

図 2

あるいは成分表示した

$$\xi^\alpha = \xi^\alpha(\theta^1, \cdots, \theta^n), \quad \theta^i = \theta^i(\xi^1, \cdots, \xi^n),$$
$$i = 1, \cdots, n, \quad \alpha = 1, \cdots, n$$

における各関数は十分滑らか（微分可能）で，変換の Jacobi 行列

$$B_i^\alpha(\theta) = \frac{\partial \xi^\alpha}{\partial \theta^i}, \quad \bar{B}_\alpha^i(\xi) = \frac{\partial \theta^i}{\partial \xi^\alpha}$$

は常に正則とする．

$\theta \in \Theta$ や $\xi \in \Xi$ は，統計モデルの 1 点（1 つの密度関数）$p \in S$ の位置を指定する番地（名前）のようなものである（図 3）．多様体に固有の幾何学的性質は，用いる座標系には依らないものである．一方統計的推論においては，モデルに応じてある特別な母数（座標系）を選ぶと便利な場合がある．このことは次章で説明する．

$p(x, \theta)$ などについて以下の正則条件を仮定する．

（1） $p(x, \theta) > 0, \quad \forall x \in X, \quad \forall \theta \in \Theta$

（2） $l(x, \theta) = \log p(x, \theta)$ として，任意の $\theta \in \Theta$ に対して n 個の x の関数

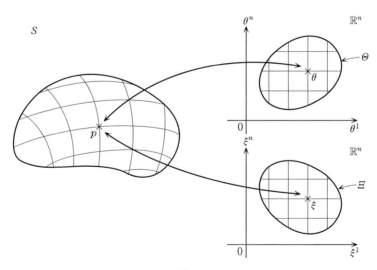

図 3

$$\frac{\partial}{\partial \theta^i} l(x,\theta), \quad i=1,\cdots,n$$

は線形独立.

(3) 確率変数 $(\partial/\partial\theta^i)l(x,\theta)$ のモーメントは必要な次数まで存在.

(4) 扱う任意の関数 $f(x,\theta)$ について，次のような微分と積分が交換可能.

$$\frac{\partial}{\partial\theta^i}\int f(x,\theta)dx = \int \frac{\partial}{\partial\theta^i} f(x,\theta)dx$$

1.2 接空間と Riemann 計量

$S=\{p(x,\theta)\}$ を n 次元統計モデルとする．n 個の確率変数

$$\partial_i l(x,\theta) = \frac{\partial}{\partial\theta^i}\log p(x,\theta), \quad i=1,\cdots,n \tag{3}$$

を有効スコアという．前節で仮定したように，任意の $\theta\in\Theta$ に対して n 個の有効スコアは x の関数として線形独立である．有効スコアの張る確率変数の n 次元線形空間

$$T_\theta(S) = \left\{ A(x) | A(x) = \sum_{i=1}^n A^i \partial_i l(x,\theta) \right\} \tag{4}$$

を $\theta\in S$ における S の接空間という（図4）.

以下，上下に1回ずつ現れる添字の和については Einstein の規約を用いることとし，たとえば

$$\sum_{i=1}^n A^i \partial_i l \quad \Rightarrow \quad A^i \partial_i l$$

と書く．さらに l も省略して

$$A^i \partial_i l \quad \Rightarrow \quad A^i \partial_i$$

と書くこともある．幾何学では $\{\partial_i\}=\{\partial/\partial\theta^i\}$ を座標系 θ に関する接空間の自然基底とよぶ．

$p(x,\theta)$ に関する期待値を

$$E_\theta[f(x)] = \int f(x)p(x,\theta)dx \tag{5}$$

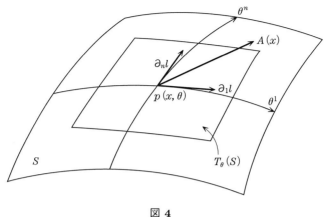

図 4

で表す．恒等式 $\int p(x,\theta)dx = 1$ を θ^i に関して微分することにより

$$0 = \partial_i \int p(x,\theta)dx = \int \partial_i p(x,\theta)dx$$
$$= \int \partial_i l(x,\theta) p(x,\theta)dx$$
$$= E_\theta[\partial_i l(x,\theta)]$$

よって，任意の $A(x) \in T_\theta(S)$ に対して
$$E_\theta[A(x)] = 0$$
が成り立つ．

$A(x), B(x) \in T_\theta(S)$ に対して，それらの内積 $\langle A, B \rangle$ を
$$\langle A, B \rangle = E_\theta[A(x)B(x)] \qquad (6)$$
で定義する．$E[A(x)], E[B(x)] = 0$ であるから式(6)は2つの確率変数 $A(x)$ と $B(x)$ の共分散
$$\mathrm{Cov}[A(x), B(x)]$$
である．とくに n 個の有効スコア間の内積を
$$g_{ij}(\theta) = E_\theta[\partial_i l(x,\theta) \partial_j l(x,\theta)] \qquad (7)$$
として，$n \times n$ の正定値対称行列 $[g_{ij}(\theta)]$ を Fisher 情報行列という．関係式

$$p(x,\theta)\partial_i\partial_j l(x,\theta) = p(x,\theta)\partial_i\{\partial_j p(x,\theta)/p(x,\theta)\}$$
$$= \partial_i\partial_j p(x,\theta) - p(x,\theta)\partial_i l(x,\theta)\partial_j l(x,\theta)$$

より式(7)は
$$g_{ij}(\theta) = -E_\theta[\partial_i\partial_j l(x,\theta)] \tag{8}$$
とも表される.

一般に,多様体の各点 $\theta \in S$ において内積 $\langle A, B \rangle$; $A, B \in T_\theta(S)$ が定義されたとき,S を Riemann 空間という.そして自然基底 $\{\partial_i\}$ 間の内積 $g_{ij}(\theta) = \langle \partial_i, \partial_j \rangle$ を Riemann 計量とよぶ.したがって統計モデル $S = \{p(x,\theta)\}$ は,Fisher 情報行列を Riemann 計量とする Riemann 空間になる.

$A(x) = A^i\partial_i$ と $B(x) = B^i\partial_i$ の内積は,Fisher 情報行列により
$$\langle A, B \rangle = \langle A^i\partial_i, B^j\partial_j \rangle = A^i B^j g_{ij}$$
と成分表示される.

2 つの接ベクトル $A, B \in T_\theta(S)$ は
$$\langle A, B \rangle = A^i B^j g_{ij} = 0$$
のとき,直交するという.このことは確率変数 $A(x)$ と $B(x)$ が無相関であることを意味する.

接ベクトル A の長さ $|A|$ は
$$|A|^2 = \langle A, A \rangle = A^i A^j g_{ij}$$
で定義される.$|A|^2 = E[A^2(x)]$ は確率変数 $A(x)$ の分散である.

S の座標系として $\theta = (\theta^i)$, $i = 1, \cdots, n$ とは別の座標系 $\xi = (\xi^\alpha)$, $\alpha = 1, \cdots, n$ を用いる場合,θ 座標に関する量の添字は i, j, k などを使い,ξ 座標に関する量の添字は α, β, γ などを使うことにする.

座標変換の Jacobi 行列
$$B_i^\alpha(\theta) = \frac{\partial \xi^\alpha}{\partial \theta^i}, \quad \bar{B}_\alpha^i(\xi) = \frac{\partial \theta^i}{\partial \xi^\alpha}$$
は互いに逆行列の関係にあり,$\{\partial_i\}$ と $\{\partial_\alpha\}$ をそれぞれ座標系 θ と ξ に関する接空間の自然基底とすると
$$\partial_\alpha = \bar{B}_\alpha^i \partial_i, \quad \partial_i = B_i^\alpha \partial_\alpha \tag{9}$$
1 つの接ベクトル A を 2 通りの基底で表して
$$A = A^i \partial_i = A^\alpha \partial_\alpha$$

式(9)より成分 A^i と A^α の関係は
$$A^i = \bar{B}^i_\alpha A^\alpha, \quad A^\alpha = B^\alpha_i A^i \tag{10}$$
また Riemann 計量 $g_{\alpha\beta}$ と g_{ij} の関係は
$$\begin{aligned}g_{\alpha\beta} &= \langle \partial_\alpha, \partial_\beta \rangle = \langle \bar{B}^i_\alpha \partial_i, \bar{B}^j_\beta \partial_j \rangle \\ &= \bar{B}^i_\alpha \bar{B}^j_\beta \langle \partial_i, \partial_j \rangle = \bar{B}^i_\alpha \bar{B}^j_\beta g_{ij}\end{aligned} \tag{11}$$
あるいは, $g_{ij} = B^\alpha_i B^\beta_j g_{\alpha\beta}$

接空間 $T_\theta(S)$ は, 図4に示すように $\theta \in S$ のまわりを局所的に線形近似した Euclid 空間である.
$$p = p(x,\theta) \in S, \quad p' = p(x,\theta + d\theta) \in S$$
を互いに隣接する2点とする. このとき $\overrightarrow{pp'} = d\theta^i \partial_i \in T_\theta(S)$ と見做すことにより, p と p' との距離 ds(測地的距離という)の2乗は2次形式
$$ds^2 = |\overrightarrow{pp'}|^2 = \langle \overrightarrow{pp'}, \overrightarrow{pp'} \rangle = g_{ij}(\theta) d\theta^i d\theta^j \tag{12}$$
で定義される(図5).

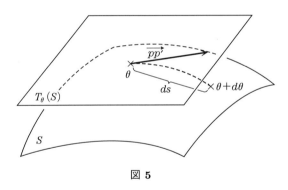

図 5

Fisher 情報行列とそれを用いた測地的距離の統計的意味は, 次の Cramér-Rao の定理で与えられる.

$\hat{\theta} = \hat{\theta}(x)$ を母数 θ の不偏推定量, すなわち $E_\theta[\hat{\theta}] = \theta$ とする.

定理1(Cramér-Rao の定理) θ の任意の不偏推定量 $\hat{\theta} = (\hat{\theta}^i)$ の共分散行列について
$$\text{Cov}[\hat{\theta}^i, \hat{\theta}^j] \geq g^{ij}(\theta) \tag{13}$$
ここで $g^{ij}(\theta)$ は, Fisher 情報行列 $g_{ij}(\theta)$ の逆行列. また $a^{ij} \geq b^{ij}$ は, 行

列 $a^{ij} - b^{ij}$ が非負定値を意味する．

第 3 章で示されるが，定理の下限は以下のように漸近的には常に達成される．

$x_1, x_2, \cdots, x_N$ を互いに独立で，同じ密度関数 $p(x, \theta)$ をもつ確率分布からの N 個の観測値とする．このとき θ の推定量 $\hat{\theta}_N = \hat{\theta}_N(x_1, \cdots, x_N)$ で，$N \to \infty$ のとき

$$\text{Cov}[\hat{\theta}_N^i, \hat{\theta}_N^j] \to \frac{1}{N} g^{ij}(\theta)$$

となるものが存在する．最尤推定量はその一例である．さらに中心極限定理より，$\hat{\theta}_N$ は漸近的に n 次元正規分布 $N(\theta, g^{ij}(\theta)/N)$ に従う．すなわち，θ を真の母数とすると $\hat{\theta}_N$ の密度関数は漸近的に

$$p(\hat{\theta}_N, \theta) = \text{const.} \exp\left\{-\frac{N}{2} g_{ij}(\theta) d\hat{\theta}^i d\hat{\theta}^j\right\}$$

となる．ここで $d\hat{\theta}^i = \hat{\theta}_N^i - \theta^i$ として $ds^2 = g_{ij}(\theta) d\hat{\theta}^i d\hat{\theta}^j$ は，推定値 $\hat{\theta}_N$ と真値 θ との測地的距離の 2 乗である．

また第 4 章で扱う仮説検定においても，測地的距離の 2 乗 ds^2 は検定統計量の漸近形や，検出力の漸近的評価に関係している．

測地的距離 $ds = \sqrt{g_{ij}(\theta) d\theta^i d\theta^j}$ は隣接 2 点 $\theta, \theta + d\theta$ 間の距離であるが，もっと離れた 2 点 θ_0, θ_1 の Riemann 距離は以下のように定義される．

$C : \theta(t)$ を 2 点 $\theta_0 = \theta(t_0)$ と $\theta_1 = \theta(t_1)$ を結ぶ S 上の滑らかな曲線とする．このとき θ_0 から θ_1 までの曲線 C の長さは，ds を曲線上で積分することで得られ

$$s = \int ds = \int_{t_0}^{t_1} \sqrt{g_{ij}[\theta(t)] \dot{\theta}^i \dot{\theta}^j}\, dt \tag{14}$$
$$\dot{\theta}^i = d\theta^i(t)/dt$$

2 点 θ_0, θ_1 を結ぶ曲線 C の中で s が最小なものを Riemann 測地線といい，その長さを 2 点 θ_0, θ_1 間の Riemann 距離とする．

例 1 正規モデル $S = \{N(\mu, \sigma^2)\}$ の Riemann 計量（Fisher 情報行列）．$\theta^1 = \mu, \theta^2 = \sigma^2$ とする．

$$l(x,\theta) = -\frac{(x-\mu)^2}{2\sigma^2} - \frac{1}{2}\log(2\pi\sigma^2)$$

より

$$\partial_1 l = \frac{x-\mu}{\sigma^2}, \quad \partial_2 l = \frac{(x-\mu)^2}{2\sigma^4} - \frac{1}{2\sigma^2}$$

よって,式(7)または(8)を用いて

$$g_{ij}(\theta) = \begin{bmatrix} \dfrac{1}{\sigma^2} & 0 \\ 0 & \dfrac{1}{2\sigma^4} \end{bmatrix} \tag{15}$$

$g_{12}(\theta) = g_{21}(\theta) = 0$ だから,基底ベクトル ∂_1 と ∂_2 は常に直交しており,$\theta = (\mu, \sigma^2)$ は直交座標系である.しかし ∂_i の長さは

$$|\partial_1|^2 = 1/\sigma^2, \quad |\partial_2|^2 = 1/2\sigma^4$$

と σ^2 に依存しているから,θ は Descartes 座標系ではない.

x の 1 次,2 次のモーメントを用いる座標系 $\xi = (\xi^1, \xi^2)$ では

$$\xi^1 = E[x] = \mu = \theta^1$$
$$\xi^2 = E[x^2] = \mu^2 + \sigma^2 = (\theta^1)^2 + \theta^2$$

より,変換の Jacobi 行列は

$$B_i^\alpha = \frac{\partial \xi^\alpha}{\partial \theta^i} = \begin{bmatrix} 1 & 0 \\ 2\mu & 1 \end{bmatrix}$$

$$\bar{B}_\alpha^i = \frac{\partial \theta^i}{\partial \xi^\alpha} = \begin{bmatrix} 1 & 0 \\ -2\mu & 1 \end{bmatrix}$$

座標系 ξ での Riemann 計量は

$$g_{\alpha\beta}(\xi) = \frac{1}{\sigma^4} \begin{bmatrix} 2\mu^2 + \sigma^2 & -\mu \\ -\mu & 1/2 \end{bmatrix} \tag{16}$$

これは $\partial_\alpha l(x, \xi)$ の共分散行列を直接計算しても,また Riemann 計量の変換式(11)を用いても得られる.2 つの基底ベクトル ∂_α ($\alpha = 1, 2$) は,$\mu = 0$

以外では直交していない.

例 2 離散モデル $S = \{M(p_1, \cdots, p_{n+1})\}$ の Riemann 計量(Fisher 情報行列).

$$\theta^1 = p_1, \cdots, \theta^n = p_n, \theta^{n+1} = p_{n+1}$$

とおき, $\theta = (\theta^1, \cdots, \theta^n)$ を θ-座標系として

$$\theta^{n+1} = 1 - \theta^1 - \cdots - \theta^n$$

は $\theta = (\theta^1, \cdots, \theta^n)$ の関数と見做す.

$$l(x, \theta) = \sum_{i=1}^{n+1} \delta(x - x_i) \log \theta^i$$

より

$$\partial_i l = \delta(x - x_i)/\theta^i - \delta(x - x_{n+1})/\theta^{n+1}$$
$$-\partial_i \partial_i l = \delta(x - x_i)/(\theta^i)^2 + \delta(x - x_{n+1})/(\theta^{n+1})^2$$
$$-\partial_i \partial_j l = \delta(x - x_{n+1})/(\theta^{n+1})^2, \quad i \neq j$$

よって, 式(8)を用いて

$$g_{ij}(\theta) = \frac{\delta_{ij}}{p_i} + \frac{1}{p_{n+1}} \qquad (17)$$

を得る.

$$\xi^1 = 2\sqrt{p_1}, \cdots, \xi^n = 2\sqrt{p_n}, \xi^{n+1} = 2\sqrt{p_{n+1}}$$

とおき, $\xi = (\xi^1, \cdots, \xi^n)$ を ξ-座標系とすると変換の Jacobi 行列は

$$B_i^\alpha = \frac{\partial \xi^\alpha}{\partial \theta^i} = \begin{bmatrix} \frac{1}{\sqrt{\theta^1}} & & & \\ & \frac{1}{\sqrt{\theta^2}} & & 0 \\ & 0 & \ddots & \\ & & & \frac{1}{\sqrt{\theta^n}} \end{bmatrix}$$

$$\bar{B}_\alpha^i = \frac{\partial \theta^i}{\partial \xi^\alpha} = \frac{1}{2} \begin{bmatrix} \xi^1 & & & \\ & \xi^2 & & 0 \\ & 0 & \ddots & \\ & & & \xi^n \end{bmatrix}$$

座標系 ξ での Riemann 計量は変換式(11)を用いて

$$g_{\alpha\beta}(\xi) = \delta_{\alpha\beta} + \frac{\xi^\alpha \xi^\beta}{(\xi^{n+1})^2} \tag{18}$$

ところで $\tilde{\xi} = (\xi^1, \cdots, \xi^n, \xi^{n+1})$ とおくと

$$\sum_{\alpha=1}^{n+1} (\xi^\alpha)^2 = 4$$

より,離散モデルは $\tilde{\xi}$ を座標系とする $\mathbb{R}^{n+1}$ 内の中心 0,半径 2 の球面(の一部)と表現される.$\mathbb{R}^{n+1}$ の Euclid 内積を用いたこの球面上の測地的距離の 2 乗 $d\tilde{s}^2$ は

$$d\tilde{s}^2 = \sum_{\alpha=1}^{n+1} (d\xi^\alpha)^2$$

に,条件式 $\sum_{\alpha=1}^{n+1} (\xi^\alpha)^2 = 4$ より得られる

$$\sum_{\alpha=1}^{n+1} \xi^\alpha d\xi^\alpha = 0$$

つまり

$$d\xi^{n+1} = -\frac{\xi^1}{\xi^{n+1}} d\xi^1 - \cdots - \frac{\xi^n}{\xi^{n+1}} d\xi^n$$

を代入して

$$d\tilde{s}^2 = \delta_{\alpha\beta} d\xi^\alpha d\xi^\beta + (\xi^{n+1})^{-2} \sum_{\alpha,\beta=1}^{n} \xi^\alpha \xi^\beta d\xi^\alpha d\xi^\beta$$

となり,これは Riemann 計量 $g_{\alpha\beta}(\xi)$ による測地的距離の 2 乗

$$ds^2 = g_{\alpha\beta}(\xi) d\xi^\alpha d\xi^\beta$$

に一致する.

つまり ξ-座標表現は,離散モデルの $\mathbb{R}^{n+1}$ への等長埋め込みになっている.球面上の 2 点 $\tilde{\xi} = (\xi^\alpha) = (2\sqrt{p_i})$ と $\tilde{\xi}' = (\xi'^\alpha) = (2\sqrt{q_i})$ を結ぶ Riemann 測地線は大円弧であり,その Riemann 距離は以下のように容易に求められる(図 6).

ベクトル $\tilde{\xi}$ と $\tilde{\xi}'$ のなす角度を β とすると

$$\sum_{\alpha=1}^{n+1} \xi^\alpha \xi'^\alpha = 4 \sum_{i=1}^{n+1} \sqrt{p_i} \sqrt{q_i} = 4 \cos\beta$$

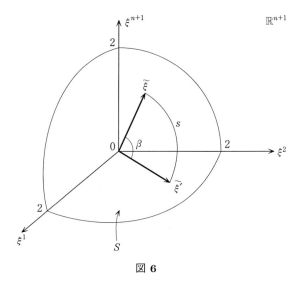

図 6

よって Riemann 距離,つまり大円弧の長さは

$$s = 2\cos^{-1}\left(\sum_{i=1}^{n+1}\sqrt{p_i}\sqrt{q_i}\right) \tag{19}$$

この s は,多項分布における検定や領域推定に用いられる.

1.3 統計モデルの部分モデル

$S=\{p(x,\theta)\}$ を,n 個の母数 $\theta=(\theta^1,\cdots,\theta^n)$ で指定される密度関数 $p(x,\theta)$ をもつ n 次元統計モデルとする.また $M=\{q(x,u)\}$ を,m 個の母数 $u=(u^1,\cdots,u^m)\in U$ (u の母数空間)で指定される密度関数 $q(x,u)$ をもつ m 次元 ($m<n$) 統計モデルとして,各 $q(x,u)\in M$ が

$$q(x,u) = p\{x,\theta(u)\} \tag{20}$$

と表されるとする.ここで $\theta(u)$ は u の滑らかな関数で,Jacobi 行列

$$B_a^i(u) = \frac{\partial \theta^i}{\partial u^a}, \quad i=1,\cdots,n;\, a=1,\cdots,m \tag{21}$$

について $\mathrm{rank}[B_a^i(u)]=m$, $\forall u\in M$ とする.

このとき M を，S に埋め込まれた m 次元部分モデルという．以下，座標系 $u = (u^a)$ における M の量を表すのには添字 a, b, c などを用い，座標系 $\theta = (\theta^i)$ における S の量を表すのには添字 i, j, k などを用いることにする．

点 u での M の接空間 $T_u(M)$ は，m 個の自然基底 $\partial_a = \partial/\partial u^a$, $a = 1, \cdots, m$ で張られる線形空間である(図7)．一方点 $\theta = \theta(u)$ での S の接空間 $T_{\theta(u)}S$ ($T_u(S)$ と略記する)は，n 個の自然基底 $\partial_i = \partial/\partial \theta^i$, $i = 1, \cdots, n$ で張られる線形空間である．

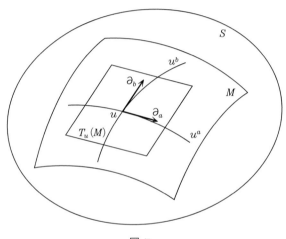

図 7

$$\partial_a = B_a^i(u) \partial_i \tag{22}$$

より，ベクトル $\partial_a \in T_u(S)$ の自然基底 $\{\partial_i\}$ に関する成分が $B_a^i(u)$, $i = 1, \cdots, n$ であり $\mathrm{rank}[B_a^i(u)] = m$ より $\{\partial_a\}$, $a = 1, \cdots, m$ は $T_u(S)$ において線形独立．よって $T_u(M)$ は $T_u(S)$ の m 次元部分空間である．

M の Riemann 計量(Fisher 情報行列)は定義より
$$g_{ab}(u) = \langle \partial_a, \partial_b \rangle = E_u[\partial_a l(x, u) \partial_b l(x, u)],$$
$$l(x, u) = \log q(x, u) \tag{23}$$

であるが
$$\partial_a l(x, u) = B_a^i(u) \partial_i l\{x, \theta(u)\},$$
$$l(x, \theta) = \log p(x, \theta) \tag{24}$$

より
$$g_{ab}(u) = B_a^i B_b^j \langle \partial_i, \partial_j \rangle = B_a^i B_b^j g_{ij}(u),$$
$$g_{ij}(u) = g_{ij}[\theta(u)] \tag{25}$$
となって，S から導かれる計量に一致する．

1.4 統計モデルの補助族

統計モデル S に埋め込まれた部分モデル M や，推論方式の幾何学的性質を調べるには，以下に述べるような S の新しい座標系 $w=(w^\alpha)$ を導入すると便利である．各点 $u \in M$ に，M を横断するある $(n-m)$ 次元部分多様体 $A(u)$ を取り付け，$A(u)$ の族
$$A = \{A(u) \mid u \in M\}$$
が，少なくとも M の近傍を滑らかに覆うものとする．つまり，各 $A(u)$ 内に適当な座標系
$$v = (v^\kappa), \quad \kappa = m+1, \cdots, n$$
を導入することにより
$$w = (w^\alpha), \quad \alpha = 1, \cdots, n$$
$$= (u^a, v^\kappa), \quad a = 1, \cdots, m; \kappa = m+1, \cdots, n$$
が，M の近傍での S の新たな局所座標系をなすとする（図8）．

このとき，$A(u)$ を $u \in M$ の補助部分多様体，$A = \{A(u)\}$ を M の補助（部分多様体）族という．幾何学的には A は，M を横断する S の局所的な葉層構造とよばれるものである．

座標変換
$$\theta = \theta(w) = \theta(u, v)$$
の Jacobi 行列は M の近傍で正則であり
$$B_\alpha^i = [B_a^i, B_\kappa^i], \quad a = 1, \cdots, m; \kappa = m+1, \cdots, n$$
$$B_a^i = \frac{\partial \theta^i}{\partial u^a}, \quad B_\kappa^i = \frac{\partial \theta^i}{\partial v^\kappa}$$
のように2つの部分に分解される．

以下，添字 κ, λ, μ などは座標系 v に関する $A(u)$ の量を表し，各 $A(u)$ に

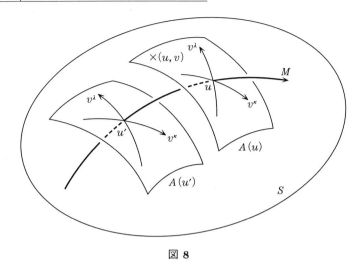

図 8

おいて原点 $v=0$ は，交点 $\theta(u) \in A(u) \cap M$ を表すものとする．この結果 M 上のすべての点で $v=0$ であり，M は
$$\theta = \theta(u) = \theta(u,0)$$
と座標表示される．

接空間 $T_u(S)$ の w-座標系による自然基底 $\{\partial_\alpha\}$, $\partial_\alpha = \partial/\partial w^\alpha$ は
$$\{\partial_\alpha\} = \{\partial_a, \partial_\kappa\}, \quad \partial_a = \partial/\partial u^a, \partial_\kappa = \partial/\partial v^\kappa$$
と2つの部分に分解される．$\{\partial_a\}$ は接空間 $T_u(M)$ を張り，$\{\partial_\kappa\}$ は接空間 $T_u(A)$ を張る．よって接空間 $T_u(S)$ は
$$T_u(S) = T_u(M) \oplus T_u(A)$$
と直和に分解される．

∂_a と ∂_κ はもとの θ-座標系による自然基底 $\{\partial_i\}$ によって，それぞれ次のように表される．
$$\partial_a = B_a^i(u)\partial_i, \quad \partial_\kappa = B_\kappa^i(u)\partial_i$$
ここで
$$B_a^i(u) = B_a^i(u,0) = \partial\theta^i(u,0)/\partial u^a$$
$$B_\kappa^i(u) = B_\kappa^i(u,0) = \partial\theta^i(u,0)/\partial v^\kappa$$
このように，以下ある量 $f(u,v)$ の M 上での値は $f(u,0)$ の代りに $f(u)$ と

略記する.

S の Riemann 計量は, w-座標系では
$$g_{\alpha\beta} = B^i_\alpha B^j_\beta g_{ij}$$
と表される. この v-部分
$$g_{\kappa\lambda} = \langle \partial_\kappa, \partial_\lambda \rangle = B^i_\kappa B^j_\lambda g_{ij} \qquad (26)$$
は, $A(u)$ に導かれた Riemann 計量を表し, $\theta = \theta(u)$ での u-部分
$$g_{ab} = \langle \partial_a, \partial_b \rangle = B^i_a B^j_b g_{ij} \qquad (27)$$
は, M の Riemann 計量を表す.

一方 $\theta = \theta(u)$ での混合部分
$$g_{a\kappa}(u) = \langle \partial_a, \partial_\kappa \rangle = B^i_a B^j_\kappa g_{ij} \qquad (28)$$
は, $T_u(M)$ と $T_u(A)$ の角度を表す.
$$g_{a\kappa}(u) = 0 \qquad (29)$$
が成り立つとき, $T_u(M)$ と $T_u(A)$ は互いに直交している. 任意の $u \in M$ において式(29)が成り立つとき, $A = \{A(u)\}$ を直交補助族という.

例 3 正規モデル $S = \{N(\mu, \sigma^2)\}$ に埋め込まれた 1 次元部分モデル
$$M = \{N(u, u^2)\}, \ u > 0$$
これは z を $N(1,1)$ に従う確率変数とするとき, 未知の乗数 $u(>0)$ の掛かった $x = uz$ の従うモデルとして得られる.

$\theta = (\mu, \sigma^2)$ とする. M は
$$\theta^1(u) = u, \quad \theta^2(u) = u^2$$
という放物線の一部として S に埋め込まれている.
$$A(u) = \{(\theta^1, \theta^2) \mid \theta^2 - u^2 = -u(\theta^1 - u)\}$$
という直線を各 $u \in M$ に取り付ける(図 9). 各 $A(u)$ 内に v 座標を導入することにより, 座標変換
$$\theta^1(u,v) = u - uv, \quad \theta^2(u,v) = u^2 + u^2 v$$
を得る.
$$B^i_\alpha(u) = \begin{matrix} & \alpha \\ i & \begin{bmatrix} 1 & -u \\ 2u & u^2 \end{bmatrix} \end{matrix}$$

そして式(15)より

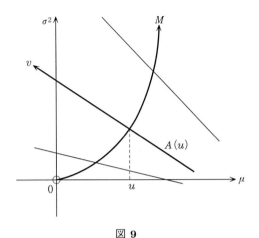

図 9

$$g_{ij}(u) = \begin{bmatrix} 1/u^2 & 0 \\ 0 & 1/2u^4 \end{bmatrix}$$

であるから，$w=(u,v)$-座標系における Riemann 計量 $g_{\alpha\beta} = B_\alpha^i B_\beta^j g_{ij}$ は M 上で

$$g_{\alpha\beta}(u) = \begin{bmatrix} 3/u^2 & 0 \\ 0 & 3/2 \end{bmatrix} \qquad (30)$$

となって，$A=\{A(u)\}$ は直交補助族である．

次章で，指数型分布族 S に埋め込まれた曲指数分布族 M における統計的推論の方法を説明する．そこでは，補助族 $A=\{A(u)\}$ を推論方式から決めると便利である．

注　幾何学的構造の不変性について

標本空間 X における確率変数の $1:1$ 変換 $y=f(x)$ を考える．y の密度関数は

$$p'(y,\theta) = p\{f^{-1}(y), \theta\} J^{-1}(y)$$

ここで $J = \det|\partial f/\partial x|$ は変換の Jacobi 行列式で，これは θ に依らない．

よって
$$\partial_i \log p'(y,\theta) = \partial_i \log p\{f^{-1}(y),\theta\}$$
となり，有効スコアは確率変数の変換に関して不変である．したがって
$$\langle \partial_i, \partial_j \rangle = E[(\partial_i \log p)(\partial_j \log p)]$$
$$= E[(\partial_i \log p')(\partial_j \log p')]$$
より，Fisher 情報行列による Riemann 計量も不変となる．

逆に，確率変数の変換に関して不変な計量と接続は，Fisher 情報量と 1 パラメータの対称接続(いわゆる α-接続)に限ることが知られている．

ところで不変性の概念は，対象とする情報空間によっては別の視点を提供してくれることがある．たとえば，システム理論で用いられる伝達関数行列の全体を情報空間とし，そこでの計量，接続が入力側，出力側での単位の変換に関して不変であるとすると，2, 3 の付加条件のもとで群としての性質から，左不変，右不変な唯一の計量と，6 パラメータの自由度をもつ接続が導びかれる．

これらの構造がパワースペクトル密度の空間では，そのパラエルミート性から左右の区別がなくなり，唯一の計量と，1 パラメータの対称接続となる．

またインナー関数の空間では，そのパラユニタリ性から同じく左右の区別がなくなり，唯一の計量と，1 パラメータの歪対称接続となる．この構造はキュムラントスペクトル密度の空間に受け継がれ，エントロピー，相互情報量，ダイバージェンスを加えて新たな情報幾何学が展開する．

これらについては，また別の機会で述べることにする．

2 曲指数分布族における統計的推論

2.1 指数型分布族

n 次元統計モデル $S = \{p(x,\theta)\}$ は，ある標本空間 X 上の測度に対して

その密度関数が
$$p(x,\theta) = \exp\{\theta^i x_i - \psi(\theta)\} \tag{31}$$
と書けるとき，n 次元指数型分布族といい，θ を自然母数という．

たとえば正規モデル $S = \{N(\mu, \sigma^2)\}$ の場合
$$p(x, \mu, \sigma^2) = \exp\left\{\frac{\mu}{\sigma^2}x - \frac{1}{2\sigma^2}x^2 - \frac{\mu^2}{2\sigma^2} - \frac{1}{2}\log(2\pi\sigma^2)\right\}$$
より，2 次元母数 $\theta = (\theta^1, \theta^2)$ を
$$\theta^1 = \mu/\sigma^2, \quad \theta^2 = -1/2\sigma^2$$
として，2 次元確率変数 $x = (x_1, x_2)$ を
$$x_1 = x, \quad x_2 = x^2$$
として定義すれば，x の密度関数は
$$\begin{aligned}p(x,\theta) &= \exp\{\theta^i x_i - \psi(\theta)\} \\ \psi(\theta) &= -\frac{(\theta^1)^2}{4\theta^2} - \frac{1}{2}\log(-\theta^2) + \frac{1}{2}\log\pi\end{aligned} \tag{32}$$
と表され，正規モデル $\{N(\mu,\sigma^2)\}$ は $\theta = (\theta^1, \theta^2)$ を自然母数とする 2 次元指数型分布族である．

また離散モデル $S = \{M(p_1, \cdots, p_{n+1})\}$ の場合
$$p(x, p_i) = \exp\left\{\sum_{i=1}^n \log\frac{p_i}{1 - \sum_{j=1}^n p_j}\delta(x - x_i) + \log\left(1 - \sum_{j=1}^n p_j\right)\right\}$$
より，n 次元母数 $\theta = (\theta^1, \cdots, \theta^n)$ を
$$\theta^i = \log\frac{p_i}{1 - \sum_{j=1}^n p_j}, \quad i = 1, \cdots, n$$
として，n 次元確率変数 $x = (x_1, \cdots, x_n)$ を
$$x_i = \delta(x - x_i), \quad i = 1, \cdots, n$$
として定義すれば，x の密度関数は
$$\begin{aligned}p(x, \theta) &= \exp\{\theta^i x_i - \psi(\theta)\} \\ \psi(\theta) &= \log\left(1 + \sum_{i=1}^n \exp\theta^i\right)\end{aligned} \tag{33}$$

と表され，離散モデル $\{M(p_1,\cdots,p_{n+1})\}$ は $\theta=(\theta^1,\cdots,\theta^n)$ を自然母数とする n 次元指数型分布族である．

指数型分布族に対して，θ-座標系での Riemann 計量を求める．
$$l(x,\theta)=\theta^i x_i-\psi(\theta)$$
より
$$\partial_i l(x,\theta)=x_i-\partial_i\psi(\theta)$$
$$\partial_i\partial_j l(x,\theta)=-\partial_i\partial_j\psi(\theta)$$
よって式(8)から
$$g_{ij}(\theta)=\partial_i\partial_j\psi(\theta) \tag{34}$$
指数型分布族には自然母数 θ とは別の，統計的推論に便利な母数がある．つまり
$$\eta_i=E_\theta[x_i]=\partial_i\psi(\theta) \tag{35}$$
とおくと，$\theta=(\theta^i)$ と $\eta=(\eta_i)$ の変換は $1:1$ であり，η を指数型分布族の期待値母数という．θ-座標系の自然基底 $\{\partial_i\}=\{\partial/\partial\theta^i\}$ と η-座標系の自然基底 $\{\partial^i\}=\{\partial/\partial\eta_i\}$ の関係は
$$\partial_i=\frac{\partial\eta_j}{\partial\theta^i}\partial^j=\partial_i\partial_j\psi\partial^j=g_{ij}\partial^j$$
$$\text{あるいは，}\ \partial^j=g^{ji}\partial_i$$
ここで g^{ji} は g_{ij} の逆行列．よって η-座標系における Riemann 計量は
$$\langle\partial^i,\partial^j\rangle=\langle g^{ik}\partial_k,g^{jl}\partial_l\rangle$$
$$=g^{ik}g^{jl}g_{kl}=g^{ij}$$
つまり g_{ij} の逆行列として与えられる．

例 4 正規モデル $S=\{N(\mu,\sigma^2)\}$ では期待値母数は
$$\eta_1=\partial_1\psi=-\frac{\theta^1}{2\theta^2}=\mu$$
$$\eta_2=\partial_2\psi=\left(\frac{\theta^1}{2\theta^2}\right)^2-\frac{1}{2\theta^2}=\mu^2+\sigma^2$$
θ-座標系における Riemann 計量は式(34)を用いて

$$g_{ij}(\theta) = \begin{bmatrix} \sigma^2 & 2\mu\sigma^2 \\ 2\mu\sigma^2 & 4\mu^2\sigma^2 + 2\sigma^4 \end{bmatrix} \qquad (36)$$

η-座標系における Riemann 計量はこの逆行列で

$$g^{ij}(\eta) = \frac{1}{\sigma^4}\begin{bmatrix} 2\mu^2 + \sigma^2 & -\mu \\ -\mu & 1/2 \end{bmatrix} \qquad (37)$$

ここで，μ, σ^2 は θ あるいは η の関数と見做している．式(37)はすでに式(16)で与えたものである．

例 5 離散モデル $S = \{M(p_1, \cdots, p_{n+1})\}$ では期待値母数は

$$\eta_i = \partial_i \psi = \frac{\exp\theta^i}{1 + \sum_{j=1}^{n} \exp\theta^j} = p_i, \quad i = 1, \cdots, n$$

θ-座標系における Riemann 計量は式(34)を用いて

$$g_{ii} = \partial_i \partial_i \psi = p_i(1 - p_i)$$
$$g_{ij} = \partial_i \partial_j \psi = -p_i p_j, \quad i \neq j$$

まとめて

$$g_{ij}(\theta) = \delta_{ij} p_i - p_i p_j \qquad (38)$$

η-座標系における Riemann 計量はこの逆行列で

$$g^{ij}(\eta) = \frac{\delta_{ij}}{p_i} + \frac{1}{p_{n+1}} \qquad (39)$$

式(39)はすでに式(17)で与えたものである．記号が紛らわしいが，例2の θ は本節での期待値座標 η である．

2.2 曲指数分布族

m 個の母数 $u = (u^1, \cdots, u^m)$ をもつ m 次元統計モデル $M = \{q(x, u)\}$ の密度関数が

$$q(x, u) = \exp\{\theta^i(u)x_i - \psi[\theta(u)]\} \qquad (40)$$

と表され，各 $\theta^i = \theta^i(u^1, \cdots, u^m)$, $i = 1, \cdots, n$ ($n > m$) は u の十分滑らかな

関数とする．このとき M を (n,m)-曲指数分布族という．

1.4 節のように，各 $u \in M$ を通る $(n-m)$ 次元部分多様体 $A(u)$ を用いて補助族
$$A = \{A(u) \mid u \in M\}$$
を構成する．そして各 $A(u)$ 内に v-座標系を導入することにより，$w = (u, v)$-座標系は M の近傍において，θ, η とは別の S の新たな局所座標系となる．

例 6　$M = \{N(u, u^2)\}$，$u > 0$．x が正規分布 $N(u, u^2)$ に従うとき，その密度関数は
$$q(x, u) = \frac{1}{\sqrt{2\pi u^2}} \exp\left\{-\frac{(x-u)^2}{2u^2}\right\}$$
これは，前節で与えた正規分布 $N(\mu, \sigma^2)$ の密度関数表示
$$p(x, \theta) = \exp\{\theta^i x_i - \psi(\theta)\}$$
を用いて，$q(x, u) = p\{x, \theta(u)\}$ と表される．ここで $\theta(u) = (\theta^1(u), \theta^2(u))$ は
$$\theta^1(u) = \mu/\sigma^2 = 1/u$$
$$\theta^2(u) = -1/2\sigma^2 = -1/2u^2$$
よって $M = \{q(x, u)\}$ は，$S = \{N(\mu, \sigma^2)\}$ に埋め込まれた $(2, 1)$-曲指数分布族である．期待値母数 $\eta = (\eta_1, \eta_2)$ を用いると
$$\eta_1(u) = \mu = u$$
$$\eta_2(u) = \mu^2 + \sigma^2 = 2u^2$$
M は，θ-平面では
$$\theta^2 = -\frac{1}{2}(\theta^1)^2$$
η-平面では
$$\eta_2 = 2(\eta_1)^2$$
という，いずれも放物線（の一部）として表される（図 10）．

η-平面において各点 $\eta(u)$ に
$$A(u) = \{\eta \mid \eta_1 = u + uv, \eta_2 = 2u^2 + u^2 v\}$$
とパラメータ表示される直線を取り付ける．この結果 $w = (u, v)$-座標系は η-平面において，放物線 M の近傍での新たな座標系となる．例 4 に与えたように，θ と η の関係は非線形であるから，θ-平面での $A(u)$ は直線には

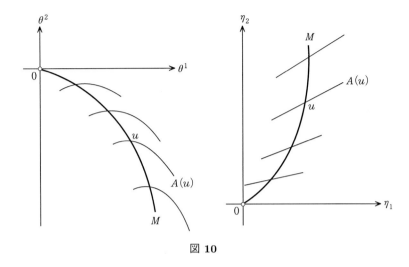

図 10

ならない.

$$\eta_1(u,v) = u + uv$$
$$\eta_2(u,v) = 2u^2 + u^2 v$$

より, $B_{\alpha i} = \partial \eta_i / \partial w^\alpha$, $w^\alpha = (u^a, v^\kappa)$ は

$$B_{\alpha i} = \overset{i}{\underset{\alpha}{\begin{bmatrix} 1+v & 2u(2+v) \\ u & u^2 \end{bmatrix}}} \tag{41}$$

式(37), (41)を用いて, w-座標系での Riemann 計量 $g_{\alpha\beta} = B_{\alpha i} B_{\beta j} g^{ij}$ は M 上で

$$g_{\alpha\beta}(u) = \begin{bmatrix} 3/u^2 & 0 \\ 0 & 3/2 \end{bmatrix} \tag{42}$$

$g_{ab}(u) = 3/u^2$ は M の Fisher 情報量で $g_{a\kappa}(u) = \langle \partial_a, \partial_\kappa \rangle = 0$ より $A = \{A(u)\}$ は直交補助族である. 次章で示すが, この A は最尤推定量に付随する補助族になっている.

2.3 統計的推論の幾何学的側面

S を指数型分布族とし, $x_1, x_2, \cdots, x_N$ を同一分布 $p(x, \theta) \in S$ に従う互いに独立な N 個の観測値とする. このとき $x_1, \cdots, x_N$ の同時確率密度関数は

$$\bar{p}(x_1, \cdots, x_N; \theta) = \prod_{i=1}^{N} p(x_i, \theta)$$
$$= \exp \sum_{i=1}^{N} \left\{ \sum_{j=1}^{n} \theta^j x_{ij} - \psi(\theta) \right\}$$
$$= \exp[N\{\theta^j \bar{x}_j - \psi(\theta)\}] \quad (43)$$

ここで

$$\bar{x} = \frac{1}{N} \sum_{i=1}^{N} x_i \quad (44)$$

$\bar{p}(x_1, \cdots, x_N; \theta)$ は $\bar{x}$ のみの関数であるから, $\bar{x}$ は θ に対する十分統計量である. また

$$\bar{l}(x_1, \cdots, x_N; \theta) = \sum_{i=1}^{N} l(x_i, \theta) = N l(\bar{x}, \theta)$$

より, $\bar{x}$ の平均と共分散は

$$E[\bar{x}_i] = \eta_i = \partial_i \psi(\theta)$$
$$\text{Cov}[\bar{x}_i, \bar{x}_j] = \frac{1}{N} g_{ij}(\theta) = \frac{1}{N} \partial_i \partial_j \psi(\theta)$$

$\hat{\theta}$ と $\hat{\eta}$ を, それぞれ指数型分布族における θ と η の最尤推定量とする. $\hat{\theta}$ は尤度方程式 $\partial_i l(\bar{x}, \theta) = 0$, つまり $\partial_i \psi(\theta) = \bar{x}_i$ の解として得られる.

一方 $\eta_i = \partial_i \psi(\theta)$ であるから, $\hat{\eta}$ は単に $\hat{\eta}_i = \bar{x}_i$ となる. $\hat{\eta}$ は不偏 $E[\hat{\eta}] = \eta$ であり, その共分散行列は

$$\text{Cov}[\hat{\eta}_i, \hat{\eta}_j] = \frac{1}{N} g_{ij} \quad (45)$$

つまり Cramér-Rao の不等式 (13) の下限が, 最尤推定量 $\hat{\eta}$ によって正確に達成されている. 指数型分布族の期待値母数は, この意味において特別な母数である.

次に，$M = \{q(x, u)\}$ を (n, m)-曲指数分布族とし，$x_1, \cdots, x_N$ を，同一分布 $q(x, u) \in M$ に従う互いに独立な N 個の観測値とする．$x_1, \cdots, x_N$ の同時密度関数は

$$\bar{q}(x_1, \cdots, x_N; u) = \prod_{i=1}^{N} p\{x_i, \theta(u)\}$$
$$= [p\{\bar{x}, \theta(u)\}]^N$$

となるから，この場合も $\bar{x}$ は u に対する十分統計量である．

S において $\bar{x}$ を η-座標とする点を $\hat{\eta} = \bar{x}$ とおく．$\hat{\eta}_i = \partial_i \psi(\hat{\theta})$ より対応する θ-座標 $\hat{\theta}$ も決まり，$\hat{\theta}, \hat{\eta}$ を観測点とよぶ．$\hat{\theta}, \hat{\eta}$ は，それぞれ S の母数 θ, η の最尤推定値であり，S 内の点であるが，M には必ずしも属していない．

これから十分統計量 $\bar{x}$，あるいはこれと同等な観測点 $\hat{\theta}, \hat{\eta}$ にもとづいて，M に対する統計的推論の方法を説明する．

まず点推定について考える．u の推定量 $\hat{u} = \hat{u}(\bar{x})$ は，観測点 $\hat{\eta} = \bar{x}$ を推定点 $\hat{u}(\bar{x})$ に写す写像

$$\hat{u}: S \to M$$

と見做せる．S には η-座標系を用いることとし，推定量 $\hat{u}$ によって点 u に写される観測点の集合を

$$A(u) = \{\eta \mid u = \hat{u}(\eta)\}$$

とする（図11）．そして $A = \{A(u)\}$ は M の近傍において，滑らかな $(n-m)$ 次元部分多様体族であるとする．このとき A を，推定量 $\hat{u}$ に付随する補助族という．推定量の特徴は，付随する補助族の幾何学的性質から得られる．

一般には $A(u)$ は，点 $\eta(u)$ を通らないかもしれないが，次章で一致推定量は $\eta(u)$ を通ることが示される．各 $A(u)$ 内に v-座標系を導入することにより，$w = (u, v)$ は M の近傍において S の局所座標系となる．

$$\eta = \eta(w) = \eta(u, v)$$

を w-座標系から η-座標系への座標変換とすると，観測点 $\hat{\eta} = \bar{x}$ の w-座標 $\hat{w} = (\hat{u}, \hat{v})$ は

$$\bar{x} = \eta(\hat{w}) = \eta(\hat{u}, \hat{v})$$

を解くことで得られる．こうして十分統計量 $\bar{x}$ は2つの統計量 $(\hat{u}, \hat{v})$ に分解され，$\hat{u}$ が推定量となる．

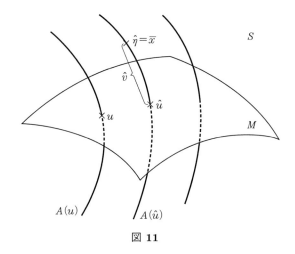

図 11

次に仮説検定について考える.

$$H_0 : u = u_0 \quad \text{を帰無仮説}$$
$$H_1 : u \neq u_0 \quad \text{を対立仮説}$$

とする. 観測点 $\hat{\eta} = \bar{x} \in S$ にもとづいて, H_0 を棄却するか, 受容するかが決定される. したがって棄却を r, 受容を $\bar{r}$ と表せば, 検定(方式) T は写像

$$T : S \to \{r, \bar{r}\}$$

と見做され, $T(\bar{x}) = r$ のとき H_0 は棄却される. $T^{-1}(r) = R \subset S$ を検定 T の棄却域という. 検定の特徴は, 棄却域の幾何学的性質から得られる. 第4章で示すが, この場合にも検定に付随する補助族 $A = \{A(u)\}$ を使って棄却域を構成することができる. この結果, 十分統計量 $\bar{x}$ は

$$\bar{x} = \eta(\hat{u}, \hat{v})$$

を通じて2つの統計量 $(\hat{u}, \hat{v})$ に分解され, 検定統計量は $\hat{u}$ のみの関数になる.

次節で, 以上のように推論方式から決まる新しい十分統計量 $\hat{w} = (\hat{u}, \hat{v})$ の同時確率密度関数を, Edgeworth 展開の形で与える.

2.4 Edgeworth 展開

真の分布が $q(x,u)$ つまり真の母数が u とすると，大数の法則より $N \to \infty$ のとき $\bar{x}$ はその期待値，つまり点 $\eta(u,0)$ に収束する．また $\bar{x}$ の共分散行列 $g_{ij}(u)/N$ は 0 に収束する．そこで $\sqrt{N}$ 倍に拡大した新たな確率変数を

$$\tilde{x} = \sqrt{N}\{\bar{x} - \eta(u,0)\}$$
$$\tilde{u} = \sqrt{N}(\hat{u} - u), \quad \tilde{v} = \sqrt{N}\hat{v} \quad (46)$$
$$\tilde{w} = (\tilde{u}, \tilde{v})$$

により定義する．

$\bar{x} = \eta(\hat{w}) = \eta(w + \tilde{w}/\sqrt{N})$ を $w = (u,0)$ のまわりで Taylor 展開して

$$\bar{x}_i = \eta_i(u,0) + (\partial_\alpha \eta_i)\tilde{w}^\alpha/\sqrt{N} + \frac{1}{2}(\partial_\alpha \partial_\beta \eta_i)\tilde{w}^\alpha \tilde{w}^\beta/N + O_p(N^{-3/2})$$

ここで $O_p(N^{-3/2})$ は，次数 $N^{-3/2}$ の確率変数項を示す．

$$B_{\alpha i} = \partial_\alpha \eta_i, \quad C_{\alpha\beta i} = \partial_\alpha \partial_\beta \eta_i$$

とおき，これらの値は $w = (u,0)$ でのものとして上式は

$$\tilde{x}_i = B_{\alpha i}\tilde{w}^\alpha + \frac{1}{2\sqrt{N}}C_{\alpha\beta i}\tilde{w}^\alpha \tilde{w}^\beta + O_p(N^{-1})$$

となる．これは

$$\tilde{w}^\alpha = g^{\alpha\beta}B^i_\beta \tilde{x}_i - \frac{1}{2\sqrt{N}}C^\alpha_{\beta\gamma}\tilde{w}^\beta \tilde{w}^\gamma + O_p(N^{-1}) \quad (47)$$

とも表される．ここで，$C_{\beta\gamma\alpha} = C_{\beta\gamma i}B^i_\alpha$, $B^i_\alpha = B_{\alpha j}g^{ij}$, そして添字 α, β, γ などは計量 $g^{\alpha\beta}, g_{\beta\alpha}$ で上げ下げし，$C^\alpha_{\beta\gamma} = C_{\beta\gamma\delta}g^{\delta\alpha}$.

$\tilde{x}_i$ の各モーメントは

$$E[\tilde{x}_i] = 0, \quad E[\tilde{x}_i \tilde{x}_j] = g_{ij}$$
$$E[\tilde{x}_i \tilde{x}_j \tilde{x}_k] = \frac{1}{\sqrt{N}}T_{ijk}$$
$$T_{ijk} = \partial_i \partial_j \partial_k \psi$$

最後の式は，式(7)，(8)から式(34)が導かれたのと同様にして得られる．中心極限定理より，$N \to \infty$ で $\tilde{x}$ の分布は n 次元正規分布 $N(0, g_{ij}(u))$ に

2 曲指数分布族における統計的推論 | 145

収束し,式(47)より $\tilde{w}$ の分布も正規分布に収束する.
$\tilde{w}$ の平均,分散は
$$E[\tilde{w}^\alpha] = -C^\alpha/(2\sqrt{N}) + O(N^{-1}) \tag{48}$$
$$E[\tilde{w}^\alpha \tilde{w}^\beta] = g^{\alpha\beta} + O(N^{-1}) \tag{49}$$
ここで
$$C^\alpha = C^\alpha_{\beta\gamma} g^{\beta\gamma} \tag{50}$$
は,$\tilde{w}^\alpha$ の漸近的なバイアス項である.
$\hat{w}$ をバイアス補正,規格化して
$$\begin{aligned}\hat{w}^{*\alpha} &= \hat{w}^\alpha + C^\alpha(\hat{u})/(2N) \\ \tilde{w}^* &= \sqrt{N}(\hat{w}^* - w)\end{aligned} \tag{51}$$
とおくと
$$E[\hat{w}^*] = w + O(N^{-2})$$
$$E[\tilde{w}^*] = O(N^{-3/2})$$
$\tilde{w}^*$ は漸近的に正規分布に従い,その密度関数は次の形で与えられる.

定理 2 $p(\tilde{w}^*; u)$ の Edgeworth 展開.
$$p(\tilde{w}^*; u) = n(\tilde{w}^*; g_{\alpha\beta})\{1 + A_N(\tilde{w}^*)\} \tag{52}$$
ここで
$$n(\tilde{w}^*; g_{\alpha\beta}) = (\det|g_{\alpha\beta}|)^{1/2}(2\pi)^{-n/2}\exp\left(-\frac{1}{2}g_{\alpha\beta}\tilde{w}^{*\alpha}\tilde{w}^{*\beta}\right) \tag{53}$$
は,n 次元正規分布 $N(0, g^{\alpha\beta})$ の密度関数.
$$A_N(\tilde{w}^*) = \frac{1}{6\sqrt{N}} K_{\alpha\beta\gamma} h^{\alpha\beta\gamma}(\tilde{w}^*) + O(N^{-1}) \tag{54}$$
$$K_{\alpha\beta\gamma} = T_{\alpha\beta\gamma} - 3C_{\alpha\beta\gamma} \tag{55}$$
$$T_{\alpha\beta\gamma} = B^i_\alpha B^j_\beta B^k_\gamma T_{ijk}$$
$h^{\alpha\beta\gamma}(w)$ は w に関するテンソル型の 3 次の Hermite 多項式で
$$h^{\alpha\beta\gamma}(w) = w^\alpha w^\beta w^\gamma - 3g^{(\alpha\beta}w^{\gamma)}$$
$$3g^{(\alpha\beta}w^{\gamma)} = g^{\alpha\beta}w^\gamma + g^{\beta\gamma}w^\alpha + g^{\gamma\alpha}w^\beta$$

式(52)を密度関数 $p(\tilde{w}^*; u)$ の $O(N^{-1/2})$ までの Edgeworth 展開という.
$\tilde{u}^*$ の密度関数 $p(\tilde{u}^*; u)$ は式(52)を $\tilde{v}^*$ に関して積分することで得られ,推論方式の漸近的評価は,この $p(\tilde{u}^*; u)$ にもとづいて行われる.

なお, $O(N^{-1})$ 項の具体的な形は,

S. Amari and M. Kumon, Differential geometry of Edgeworth expansions in curved exponential family, *Ann. Inst. Statist. Math.*, **35A**, 1-24, 1983

に与えられている.

注　$N_1, N_2, \cdots, N_{n+1}$ が多項分布(これは指数型分布族)に従うとき, その同時密度関数は

$$p(N_1, \cdots, N_{n+1}) = \frac{N!}{N_1! \cdots N_{n+1}!} p_1^{N_1} \cdots p_{n+1}^{N_{n+1}}, \quad N_1 + \cdots + N_{n+1} = N \tag{56}$$

であり, 期待値母数 $\eta = (p_1, \cdots, p_n)$ に対する十分統計量(最尤推定量)は

$$\bar{X} = \left(\frac{N_1}{N}, \cdots, \frac{N_n}{N} \right)$$

この $\bar{X}$ は, $N \to \infty$ のとき $g_{ij}(\theta)$ は式(38)で与えられるものとして n 次元正規分布 $N\left(\eta, \frac{1}{N} g_{ij}(\theta) \right)$ に従う.

しかし $\bar{X}$ のような離散統計量に対しては, 定理2の形の展開には妥当性が得られない.

$p(\tilde{u}^*; u)$ の展開で推論方式の有効性に係る項は, $O(1)$ (正規分布)と $O(N^{-1})$ 部分から現われる. したがって, 次章以降の推論方式の有効性に関する1次, 2次の結果は多項分布の曲指数分布族に対しても成り立つと思われるが, 3次の結果は微妙である.

これについては, 後でまた触れる.

3　推定の漸近理論

3.1　推定量の一致性と有効性

(n, m)-曲指数分布族 $M = \{q(x, u)\}$ における母数 u の推定量

$$\hat{u} = \hat{u}(\bar{x}), \quad \bar{x} = \sum_{i=1}^{N} x_i / N$$

を考える．$\hat{u}$ は観測点 $\hat{\eta} = \bar{x} \in S$ から M への滑らかな写像とする．このとき，推定量 $\hat{u}$ による点 u の逆像

$$A(u) = \hat{u}^{-1}(u) = \{\eta \in S \,|\, \hat{u}(\eta) = u\} \tag{57}$$

は，S の滑らかな $(n-m)$ 次元部分多様体となる．真の母数が u のとき

$$\bar{x} \to E[\bar{x}] = \eta(u), \quad N \to \infty$$

だから，

$\hat{u}$ が一致推定量 $(\hat{u}(\bar{x}) \to u, N \to \infty)$

$\Leftrightarrow \quad \hat{u}\{\eta(u)\} = u$

$\Leftrightarrow \quad \eta(u) \in A(u)$

よって，次の定理を得る．

定理 3 推定量 $\hat{u}$ が一致推定量となるのは，各点 $\eta(u) \in M \subset S$ がこれに付随する補助部分多様体 $A(u)$ に含まれるときであり，このときに限る．

以下，一致推定量のクラスを扱う．このクラスにおける推定量の評価基準として，平均 2 乗誤差を採用する．$u = (u^a)$ を真の母数として，

$$\tilde{u}^a = \sqrt{N}\,(\hat{u}^a - u^a)$$

とおき，平均 2 乗誤差を

$$\begin{aligned} E[\tilde{u}^a \tilde{u}^b] &= g^{ab}_{\hat{u}1}(u) + g^{ab}_{\hat{u}2}(u) N^{-1/2} \\ &\quad + g^{ab}_{\hat{u}3}(u) N^{-1} + O(N^{-3/2}) \end{aligned} \tag{58}$$

と漸近展開する．

一致推定量 $\hat{u}$ は，他の任意の一致推定量 $\hat{u}'$ に対して

$$g^{ab}_{\hat{u}1}(u) \leq g^{ab}_{\hat{u}'1}(u)$$

のとき，1 次 (Fisher) 有効という．ここで，対称行列 $[h^{ab}]$, $[k^{ab}]$ について $h^{ab} \leq k^{ab} \Leftrightarrow k^{ab} - h^{ab}$ が非負定値．1 次有効な推定量 $\hat{u}$ は，他の任意の 1 次有効な推定量 $\hat{u}'$ に対して

$$g^{ab}_{\hat{u}2}(u) \leq g^{ab}_{\hat{u}'2}(u)$$

のとき，2 次有効という．3 次有効性も同様に定義される．

まず，1 次有効性について調べる．ある一致推定量 $\hat{u}$ の密度関数は，式

(46)で定義される $\tilde{w} = (\tilde{u}, \tilde{v})$ の密度関数
$$p(\tilde{w}; u) = n[\tilde{w}; g_{\alpha\beta}(u)] + O(N^{-1/2})$$
を $\tilde{v}$ に関して積分することで得られる.
$$\begin{aligned}g_{\alpha\beta}\tilde{w}^\alpha \tilde{w}^\beta &= g_{ab}\tilde{u}^a \tilde{u}^b + 2g_{a\kappa}\tilde{u}^a \tilde{v}^\kappa + g_{\kappa\lambda}\tilde{v}^\kappa \tilde{v}^\lambda \\ &= g_{\kappa\lambda}(\tilde{v}^\kappa + g^{\kappa\mu}g_{\mu a}\tilde{u}^a)(\tilde{v}^\lambda + g^{\lambda\nu}g_{\nu b}\tilde{u}^b) \\ &\quad + (g_{ab} - g^{\kappa\lambda}g_{a\kappa}g_{b\lambda})\tilde{u}^a \tilde{u}^b\end{aligned}$$
ただし, $g^{\kappa\lambda}$ は $g_{\kappa\lambda}$ の逆行列

より
$$\int n(\tilde{w}; g_{\alpha\beta})d\tilde{v} = n(\tilde{u}; g_{1ab})$$
ここで
$$g_{1ab}(u) = g_{ab}(u) - g_{a\kappa}(u)g_{b\lambda}(u)g^{\kappa\lambda}(u)$$
は, $\tilde{u}$ の漸近共分散行列の逆行列.
$$g_{1ab}(u) \le g_{ab}(u)$$
であり
$$g_{1ab}(u) = g_{ab}(u) \quad \Leftrightarrow \quad g_{a\kappa}(u) = 0$$
であるから, 次の定理を得る.

定理 4 一致推定量 $\hat{u}$ の共分散行列は
$$E[(\hat{u}^a - u^a)(\hat{u}^b - u^b)] = \frac{1}{N}g_1^{ab} + O(N^{-2})$$
ここで g_1^{ab} は
$$g_{1ab} = g_{ab} - g_{a\kappa}g_{b\lambda}g^{\kappa\lambda} \tag{59}$$
の逆行列.

一致推定量が 1 次有効となるのは, 付随する補助族 $A = \{A(u)\}$ が直交族, つまり
$$g_{a\kappa}(u) = 0, \quad \forall u \in M$$
のときであり, このときに限る.

1 次有効な推定量 $\hat{u}$ の漸近分布の第 1 項は次のような正規分布になる.
$$p(\tilde{u}; u) = n[\tilde{u}; g_{ab}(u)] + O(N^{-1/2})$$

3.2 推定量の 2 次, 3 次有効性

1 次有効推定量 $\hat{u}$ を式(51)によってバイアス補正,規格化した $\tilde{u}^*$ の分布は式(52)を $\tilde{v}^*$ に関して積分することで得られ,$g_{a\kappa} = 0$ より次の形になる.

定理 5 $p(\tilde{u}^*; u)$ の Edgeworth 展開.
$$p(\tilde{u}^*; u) = n[\tilde{u}^*; g_{ab}(u)]\{1 + A_N(\tilde{u}^*; u)\} \tag{60}$$
ここで
$$A_N(\tilde{u}^*; u) = \frac{1}{6\sqrt{N}} K_{abc} h^{abc}(\tilde{u}^*) + O(N^{-1})$$
$$K_{abc} = T_{abc} - 3C_{abc}$$
$$h^{abc}(u) = u^a u^b u^c - 3g^{(ab} u^{c)}$$

1 次有効推定量の平均 2 乗誤差は,式(60)を用いて $E[\tilde{u}^{*a} \tilde{u}^{*b}]$ を計算すれば得られる.その結果 $O(N^{-1/2})$ の項はなくなり,さらに $O(N^{-1})$ の項に関する具体的な計算から次の定理が得られる.

定理 6 バイアス補正した 1 次有効推定量の平均 2 乗誤差は
$$E[\tilde{u}^{*a}\tilde{u}^{*b}] = g^{ab} + \frac{1}{2N}\{(\varGamma^m)^{2ab} + 2(H_M^e)^{2ab} + (H_A^m)^{2ab}\} + O(N^{-3/2}) \tag{61}$$

で与えられる.

第 1 次の項 g^{ab} は,M の Fisher 情報行列 g_{ab} の逆行列である.第 2 次の項,つまり $O(N^{-1/2})$ の項はない.したがって,1 次有効推定量は自動的に 2 次有効となる.

第 3 次の項は,3 つの非負定値項の和に分解される.

第 1 項 $(\varGamma^m)^{2ab}$ は
$$\varGamma_{abc}^{(m)} = \partial_a B_{bi} B_c^i \tag{62}$$
で定義される M の m-接続とよばれる量の 2 乗で,M の座標のとり方である特定の点 u で 0 になり得る.

第 2 項 $(H_M^e)^{2ab}$ は
$$H_{ab\kappa}^{(e)} = \partial_a B_b^i B_{\kappa i} \tag{63}$$

で定義される M の e-曲率とよばれる量の 2 乗で, S における M の曲がり具合を表す.

第 3 項 $(H_A^m)^{2ab}$ は
$$H^{(m)}_{\kappa\lambda a} = \partial_\kappa B_{\lambda i} B_a^i \tag{64}$$
で定義される補助多様体 $A(u)$ の m-曲率とよばれる量の 2 乗で, S における $A(u)$ の曲がり具合を表す. そして, これのみが推定量に依存する項である.

イメージとしては

$\quad\quad\quad e$-曲率 $= 0 \quad \Leftrightarrow \quad \theta$-座標系で平坦(真直ぐ)(図 12)

$\quad\quad\quad m$-曲率 $= 0 \quad \Leftrightarrow \quad \eta$-座標系で平坦(真直ぐ)(図 13)

以上をまとめて, 次の定理を得る.

定理 7 バイアス補正した 1 次有効推定量は, 自動的に 2 次有効である.

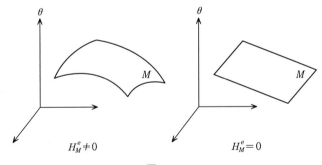

図 12

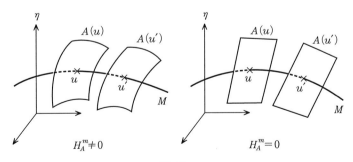

図 13

それが3次有効となるのは，付随する補助部分多様体 $A(u)$ の m-曲率が $v=0$ において0となるときであり，このときに限る．

次に最尤推定量の性質を調べる．最尤推定量 $\hat{u}$ は，尤度方程式
$$\partial_a l(\bar{x},\hat{u})=0$$
の解として得られる．
$$l(\bar{x},\hat{u})=\theta(\hat{u})\bar{x}-\psi\{\theta(\hat{u})\}$$
であるから，これは
$$\begin{aligned}B_a^i(\hat{u})\{\bar{x}_i-\eta_i(\hat{u})\}&=0\\B_a^i(u)&=\partial\theta^i(u)/\partial u^a\end{aligned} \quad (65)$$
と書かれる．よって，最尤推定量に付随する部分多様体は
$$A(u)=\{\eta\,|\,B_a^i(u)\{\eta_i-\eta_i(u)\}=0\}$$
つまり，$\eta\in A(u)$ は η に関する線形方程式
$$B_a^i(u)\{\eta_i-\eta_i(u)\}=0 \quad (66)$$
の解である．$A(u)$ は η-座標系で点 $\eta(u)$ を通る S の線形部分空間であるから，$A(u)$ の m-曲率 $=0$ である．

線形方程式
$$B_a^i(u)X_i=0$$
の $(n-m)$ 個の一次独立な解を
$$X_i=B_{\kappa i},\quad \kappa=m+1,\cdots,n$$
とすると，式(66)の一般解は
$$\eta_i=\eta_i(u,v)=B_{\kappa i}v^{\kappa}+\eta_i(u)$$
と書かれ，これは $\eta\in A(u)$ の (u,v)-座標表示になっている．そして
$$\partial_{\kappa}=B_{\kappa i}(u)\partial^i,\quad \partial_a=B_a^j(u)\partial_j$$
より
$$g_{a\kappa}(u)=\langle\partial_a,\partial_{\kappa}\rangle=B_a^i B_{\kappa i}=0$$
以上をまとめて，次の定理を得る．

定理8 最尤推定量に付随する $A(u)$ は，点 $\eta(u)$ を通り M に直交する m-曲率 $=0$ の部分多様体である．したがって最尤推定量は一致，かつ1次(2次)有効推定量であり，バイアス補正した最尤推定量は3次有効である．

例7 統計モデル $M=\{N(u,u^2)\}$, $u>0$ で，いくつかの推定量につい

て具体的に調べる.

最尤推定量 $\hat{u}$ は尤度方程式
$$-(1/\hat{u}^2)(\bar{x}_1 - \hat{u}) + (1/\hat{u}^3)(\bar{x}_2 - 2\hat{u}^2) = 0$$
つまり
$$\hat{u}^2 + \hat{u}\bar{x}_1 - \bar{x}_2 = 0$$
の解として得られる. これは $\hat{u}$ に関する非線形方程式である. しかし, 付随する補助部分多様体は η-座標系において
$$A(u) = \{\eta \mid u\eta_1 - \eta_2 + u^2 = 0\}$$
という直線になる(図14). これは v-座標を用いて
$$\eta_1(u,v) = u + uv, \quad \eta_2(u,v) = 2u^2 + u^2 v$$
とパラメータ表示される.

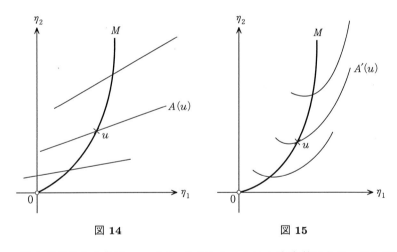

図 14   図 15

例6で求めたように, $g_{a\kappa}(u) = 0$ だから, $\hat{u}$ は1次有効である. そして定理6の諸量はまず
$$g^{ab} = \frac{1}{3}u^2$$
次に例4の $g^{ij}(\eta)$ で $\mu \to u$, $\sigma^2 \to u^2$ として M 上で

$$g^{ij}(u) = \frac{1}{u^4}\begin{bmatrix} 3u^2 & -u \\ -u & 1/2 \end{bmatrix} \tag{67}$$

式(41), (67)より M 上で

$$B_\alpha^i = B_{\alpha j}g^{ij} = \frac{1}{u^3}\begin{bmatrix} -u & 1 \\ 2u^2 & -u/2 \end{bmatrix}\begin{matrix} \searrow i \\ \alpha \end{matrix} \tag{68}$$

式(41), (68)を用いて，定義(62), (63)より
$$\Gamma_{abc}^{(m)} = 4/u^3$$
$$H_{ab\kappa}^{(e)} = -1/u^2$$

したがって式(42)より $g^{\kappa\lambda}(u) = 2/3$ も使えば

$$(\Gamma^m)^{2ab} = \left(\frac{4}{u^3}\right)^2\left(\frac{u^2}{3}\right)^4 = \frac{16}{81}u^2$$

$$(H_M^e)^{2ab} = \left(-\frac{1}{u^2}\right)^2\left(\frac{u^2}{3}\right)^3\frac{2}{3} = \frac{2}{81}u^2$$

$$(H_A^m)^{2ab} = 0$$

また式(50)より，$\hat{u}$ の漸近バイアス項は

$$b^a(u) = -\frac{1}{2N}C^a$$
$$= -\frac{1}{2N}\left\{\frac{4}{u^3}\left(\frac{u^2}{3}\right)^2\right\} = -\frac{2}{9N}u$$

よってバイアス補正した

$$\hat{u}^* = \left(1 + \frac{2}{9N}\right)\hat{u}$$

の平均2乗誤差は

$$E[(\hat{u}^* - u)^2] = \left(\frac{1}{3N} + \frac{10}{81N^2}\right)u^2 + O(N^{-5/2})$$

次に，$\hat{u}'$ を推定方程式
$$B_{ai}(u)\{\theta^i - \theta^i(u)\} = 0$$

の解とする．$\hat{u}'$ は最尤推定量 $\hat{u}$ の双対推定量とよばれる．この例では方程式は
$$4\theta^2 u^2 + \theta^1 u + 1 = 0$$
となり，η-座標系では
$$2u^2 - u\eta_1 + \eta_1^2 - \eta_2 = 0$$
よって付随する部分多様体 $A'(u)$ は，η-座標系において点 $\eta(u)$ を通る放物線であり（図15），$\hat{u}'$ は
$$2\hat{u}'^2 - \bar{x}_1 \hat{u}' + (\bar{x}_1)^2 - \bar{x}_2 = 0$$
の解として得られる．$A'(u)$ は v-座標を用いて
$$\eta_1(u,v) = u + v, \quad \eta_2(u,v) = 2u^2 + uv + v^2$$
とパラメータ表示される．これより
$$B_{\alpha i} = \overset{\alpha}{\underset{}{}}\begin{bmatrix} \overset{i}{1} & 4u+v \\ 1 & u+2v \end{bmatrix} \tag{69}$$

式(67),(69)より Riemann 計量 $g_{\alpha\beta} = B_{\alpha i} B_{\beta j} g^{ij}$ は M 上で
$$g_{\alpha\beta}(u) = \frac{1}{u^2}\begin{bmatrix} 3 & 0 \\ 0 & 3/2 \end{bmatrix}$$

$g_{a\kappa}(u) = 0$ だから，$\hat{u}'$ は 1 次有効である．

次に式(68),(69)を用いて，定義(64)より
$$H^{(m)}_{\kappa\lambda a} = 2/u^3$$
したがって $g^{\kappa\lambda}(u) = 2u^2/3$ も使えば
$$(H^m_{A'})^{2ab} = \left(\frac{2}{u^3}\right)^2 \left(\frac{2u^2}{3}\right)^2 \left(\frac{u^2}{3}\right)^2 = \frac{16}{81}u^2$$
また $\hat{u}'$ の漸近バイアス項は
$$b'^a(u) = -\frac{1}{2N}\left\{\frac{4}{u^3}\left(\frac{u^2}{3}\right)^2 + \frac{2}{u^3}\cdot\frac{2u^2}{3}\cdot\frac{u^2}{3}\right\}$$
$$= -\frac{4}{9N}u$$

よってバイアス補正した

$$\hat{u}'^* = \left(1 + \frac{4}{9N}\right)\hat{u}'$$

の平均 2 乗誤差は

$$E[(\hat{u}'^* - u)^2] = \left(\frac{1}{3N} + \frac{2}{9N^2}\right)u^2 + O(N^{-5/2})$$

$\hat{u}'^*$ は 2 次有効であるが，$H_{A'}^m \neq 0$ より 3 次有効ではない.

もう 1 つ，$\sum_{i=1}^{N}(x_i - u)^2$ を最小にする最小 2 乗推定量 $\hat{u}_{\mathrm{LS}}$ を考える．この例では

$$\hat{u}_{\mathrm{LS}} = \bar{x}_1$$

付随する部分多様体は

$$A_{\mathrm{LS}}(u) = \{\eta \,|\, \eta_1 = u\}$$

つまり $\eta(u) = (u, 2u^2)$ を通る垂直線であり（図 16），まず $\hat{u}_{\mathrm{LS}}$ は一致推定量である．$A_{\mathrm{LS}}(u)$ は v-座標を用いて

$$\eta_1(u, v) = u, \quad \eta_2(u, v) = 2u^2 + v$$

とパラメータ表示される．これより

$$B_{\alpha i} = \overset{i}{\underset{\alpha}{\begin{bmatrix} 1 & 4u \\ 0 & 1 \end{bmatrix}}} \tag{70}$$

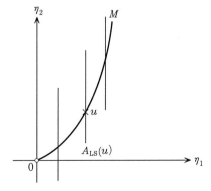

図 **16**

式(67), (70)より Riemann 計量は M 上で

$$g_{\alpha\beta}(u) = \frac{1}{u^4} \begin{bmatrix} 3u^2 & u \\ u & 1/2 \end{bmatrix}$$

$g_{a\kappa}(u) = 1/u^3 \neq 0$, つまり $A_{\mathrm{LS}}(u)$ は M と直交していないから, $\hat{u}_{\mathrm{LS}}$ は 1 次有効ではない. そして

$$g_{1ab} = g_{ab} - g_{a\kappa}g_{b\lambda}g^{\kappa\lambda} = 1/u^2$$

より, $\hat{u}_{\mathrm{LS}}$ の平均 2 乗誤差は

$$E[(\hat{u}_{\mathrm{LS}} - u)^2] = \frac{1}{N}u^2 + O(N^{-2})$$

∎

注 1 次有効推定量の Edgeworth 展開

式(60)における $O(N^{-1})$ の項は, 付随する補助族 A の m-曲率の 2 乗 $(H_A^m)^2$ という形でのみ推定量に依存する. このことからバイアス補正した最尤推定量は, 平均 2 乗誤差だけでなく他の評価基準でも 3 次有効であることが示される.

そして, $(H_A^m)^2$ 項は $\bar{x}$ の正規分布近似から生じることから, 多項分布の曲指数分布族においてもバイアス補正した最尤推定量の 3 次有効性が成り立つのではないかと思われる.

なお, θ-空間の任意のアフィン部分空間は再び指数型分布族を構成し, その e-曲率は図 12 に示すように 0, したがって指数型分布族自身の e-曲率 $=0$ である.

指数型分布族に対する統計的推論は容易で, とくに仮説検定では一様最強力検定が存在する. これは e-曲率 $=0$ という意味でのモデルの平坦性に起因していることが次章で示される.

4 検定，区間推定の漸近理論

4.1 検定に付随する補助族

$M = \{q(x, u)\}$ を (n, m)-曲指数分布族とし，$x_1, x_2, \cdots, x_N$ を互いに独立で同一分布 $q(x, u) \in M$ に従う N 個の観測値とする．十分統計量 $\bar{x} = \sum_{i=1}^{N} x_i/N$ にもとづいて

帰無仮説 $H_0 : u \in D \subset M$ を
対立仮説 $H_1 : u \notin D$ に対して

検定する問題を考える．

帰無仮説は $D = \{u_0\}$ の場合単純仮説，それ以外の場合は複合仮説とよばれる．

$\bar{x}$ は観測点 $\hat{\eta} = \bar{x} \in S$ を定め，$\bar{x}$ の値に応じてある検定(方式) T によって H_0 を棄却するか否かを決定する．したがって

$$r : H_0 \text{ を棄却}, \quad \bar{r} : H_0 \text{ を受容}$$

として，検定 T は写像

$$T : S \to \{r, \bar{r}\}$$

と見做せる．

$$R = T^{-1}(r), \quad \bar{R} = T^{-1}(\bar{r})$$

とおく．R は H_0 が棄却されるような η の値の集合で，検定 T の棄却域という．$\bar{R}$ は S における R の補集合で，受容域という．S はこうして

$$R \cup \bar{R} = S, \quad R \cap \bar{R} = \phi$$

と分割される．以下，検定 T の棄却域は滑らかな境界 ∂R をもつとする．

具体的に棄却域 R を設定するには，$\bar{x}$ の関数である検定統計量 $\lambda(\bar{x})$ が用いられる．そして

$$\lambda(\bar{x}) < c, \text{ あるいは } c_1 < \lambda(\bar{x}) < c_2$$

であれば H_0 は棄却されないとする．したがって，受容域 $\bar{R}$ は

$$\bar{R} = \{\eta \,|\, \lambda(\eta) < c\}$$

あるいは

$$\bar{R} = \{\eta \,|\, c_1 < \lambda(\eta) < c_2\}$$

と表される．ここで定数 c, c_1, c_2 は，後で述べるように水準条件（そして不偏性条件）から決められる．

棄却域の境界 ∂R は，S の $(n-1)$-次元部分多様体

$$\lambda(\eta) = c$$

あるいは

$$\lambda(\eta) = c_1, \quad \lambda(\eta) = c_2$$

となる．図 17 は，H_0 が単純仮説で $\bar{R}$ が 2 つの部分多様体で囲まれている場合，図 18 は，H_0 が複合仮説で $\bar{R}$ が 1 つの部分多様体で囲まれている場合である．

検定 T の $u \in M$ における検出力 $P_T(u)$ は，真の母数が u であるときに H_0 が棄却される確率

$$P_T(u) = \mathrm{Prob}\{\bar{x} \in R \,|\, u\}$$

で定義される．

検定 T は

$$P_T(u) \leq \alpha, \quad \forall u \in D$$

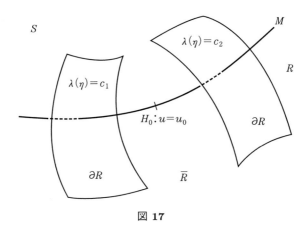

図 **17**

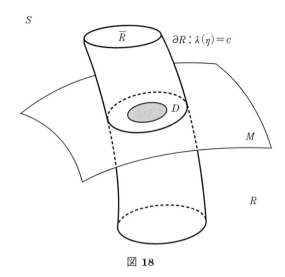

図 18

のとき，有意水準 α であるといい，水準 α の検定 T は
$$P_T(u) \geq \alpha, \quad \forall u \notin D$$
のとき，不偏であるという．

検出力は積分によって
$$\begin{aligned} P_T(u) &= \int_R \bar{p}(\bar{x}\,;\,u)d\bar{x} \\ &= 1 - \int_{\bar{R}} \bar{p}(\bar{x}\,;\,u)d\bar{x} \end{aligned} \tag{71}$$
と表される．ここで $\bar{p}(\bar{x};u)$ は，真の母数が u のときの $\bar{x}$ の密度関数．

検出力 $P_T(u)$ を計算するには，検定に付随する補助族を導入すると便利である．

$A(u)$ を，各点 $u \in M$ を通り M を横断する $(n-m)$-次元部分多様体とし，補助族 $A = \{A(u)\}$ は M の近傍で S の局所的な葉層構造をなすとする．検定 T の棄却域を R とし，$R_M = R \cap M$ とおく．
$$\begin{aligned} R &= \cup_{u \in R_M} A(u) \\ &= \{\eta \,|\, \eta \in A(u), u \in R_M\} \end{aligned}$$
と，R が $u \in R_M$ に取り付けられた $A(u)$ によって構成されるとき，A は

検定 T に付随する補助族という．このとき ∂R は，∂R_M を横断する $A(u)$ によって構成される（図19）．各 $A(u)$ 内に v-座標系を導入することにより，S の新たな局所座標系 $w=(u,v)$ を得る．そして R は w-座標系で
$$R=\{(u,v)\,|\,u\in R_M,\,v\text{ は任意}\,\}$$
と表される．

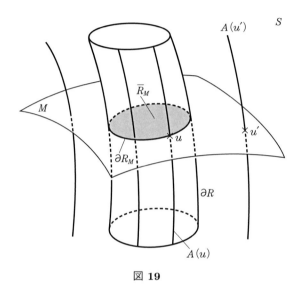

図 19

十分統計量 $\bar{x}$ は $\bar{x}=\eta(\hat{w})$ により統計量 $\hat{w}=(\hat{u},\hat{v})$ に変換され，検出力は $\hat{w}$ の密度関数 $p(\hat{w};u)$ を用いて

$$\begin{aligned}P_T(u)&=\int_R p(\hat{w};u)d\hat{w}\\&=\int_{R_M}\int_{A(u)}p(\hat{w};u)d\hat{v}d\hat{u}\\&=\int_{R_M}p(\hat{u};u)d\hat{u}\\&=1-\int_{\bar{R}_M}p(\hat{u};u)d\hat{u}\end{aligned}\tag{72}$$

と表される．ここで

$$p(\hat{u}; u) = \int_{A(u)} p(\hat{w}; u) d\hat{v}$$

は，真の母数が u のときの $\hat{u}$ の密度関数．

これから 2 つの例を用いて代表的な 3 つの検定方式を紹介し，それらに付随する補助族を示す．

例 8 正規円モデル

$M = \{q(x, u)\}$ を，次のように 2 次元正規分布族 $S = \{p(x, \eta)\}$ に埋め込まれた $(2, 1)$-曲指数分布族とする．

$$p(x, \eta) = \frac{1}{2\pi} \exp\left\{-\frac{1}{2}(x_1 - \eta_1)^2 - \frac{1}{2}(x_2 - \eta_2)^2\right\}$$

$$x = (x_1, x_2), \quad \eta = (\eta_1, \eta_2)$$

$$q(x, u) = p\{x, \eta(u)\}$$

$$\eta(u) = [\eta_1(u), \eta_2(u)]$$

$$= [r \sin u, r(1 - \cos u)]$$

M は S において中心 $(0, r)$，半径 r の円である（r は既知とする）．この M で仮説検定は

$$H_0 : u = 0, \quad H_1 : u \neq 0$$

とする．

まず，u の最尤推定量 $\hat{u}$ にもとづく検定（以下 MLT と略す）を考える．MLT は検定統計量として $\hat{u}$ の関数

$$\lambda(\bar{x}) = \lambda\{\hat{u}(\bar{x})\}$$

を用い

$$g_{ab}(u_0)(\hat{u}^a - u_0^a)(\hat{u}^b - u_0^b)$$

あるいは

$$g_{ab}(\hat{u})(\hat{u}^a - u_0^a)(\hat{u}^b - u_0^b)$$

を用いる Wald 検定はその例である．$\hat{u}$ は $\partial_a \log q(\bar{x}, u) = 0$ $(\partial_a = d/du)$ を解いて

$$\hat{u} = \tan^{-1}\{\bar{x}_1/(r - \bar{x}_2)\}$$

MLT に付随する補助族 $A = \{A(u)\}$ は，最尤推定量のそれと同じであり，

各 $A(u)$ は中心 $(0,r)$ と点 $\eta(u) \in M$ を通る直線である(図 20). 受容域 $\bar{R}$ はこれらの直線族のうちの 2 本 $A(u_-)$, $A(u_+)$ で囲まれる. ここで u_-, u_+ は水準, 不偏性条件から決まる. 各 $A(u)$ に, η と $\eta(u) \in M$ との距離を局所座標系 v として導入する. $\eta \in S$ は新しい座標系 $w = (u,v)$ により

$$\begin{aligned}\eta_1 &= (r-v)\sin u \\ \eta_2 &= r - (r-v)\cos u\end{aligned} \quad (73)$$

と表される.

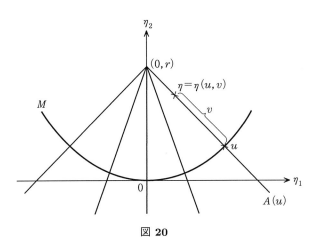

図 20

次に, 尤度比検定(以下 LRT と略す)の検定統計量は

$$\begin{aligned}\lambda(\bar{x}) &= -2\log[q(\bar{x},0)/\max_u q(\bar{x},u)] \\ &= -2\log[q(\bar{x},0)/q(\bar{x},\hat{u})]\end{aligned}$$

ここで, $\hat{u} = \hat{u}(\bar{x})$ は u の最尤推定量. この例では

$$\lambda(\bar{x}) = 2\{\bar{x}_1 r \sin\hat{u} - (r-\bar{x}_2)r(1-\cos\hat{u})\}$$

棄却域の境界族 $\{\lambda(\eta) = c\}$ は放物線

$$\eta_2 = -\frac{r}{4c}(\eta_1)^2 + r + \frac{c}{r}$$

からなる(図 21). 漸近理論では M の近傍が対象なので, 1 つの放物線は 2 つの曲線 $A(u_-)$, $A(u_+)$ に分かれていると見做す.

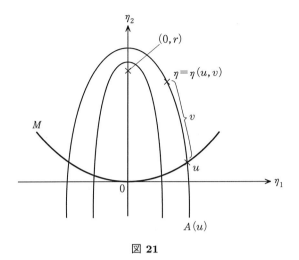

図 21

 3番目に，有効スコアを用いる検定(以下 EST と略す)は u_0 での有効スコア $\partial_a l(\bar{x}, u_0)$ の関数
$$\lambda(\bar{x}) = \lambda\{\partial_a l(\bar{x}, u_0)\}$$
を検定統計量として用い
$$g^{ab}(u_0) \partial_a l(\bar{x}, u_0) \partial_b l(\bar{x}, u_0)$$
を用いる Rao 検定はその例である．

 スカラー母数の場合，これは
$$\lambda(\bar{x}) = B_a^i(u_0)\{\bar{x}_i - \eta_i(u_0)\}$$
と同等で，この例では棄却域の境界族 $\{\lambda(\eta) = c\}$ は η_2-軸に平行な直線(図22)
$$\eta_1 = c$$
からなる．受容域 $\bar{R}$ はこれらの直線族のうちの 2 本 $A(u_-)$, $A(u_+)$ で囲まれる．各 $A(u)$ における v-座標として η と $\eta(u) \in M$ との距離を用いると，新しい座標系 $w = (u, v)$ により $\eta \in S$ は
$$\begin{aligned} \eta_1 &= r \sin u \\ \eta_2 &= r(1 - \cos u) + v \end{aligned} \tag{74}$$
と表される．

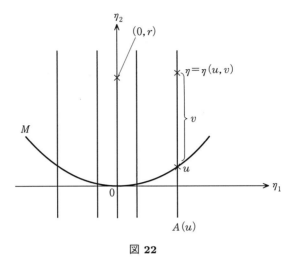

図 22

例 9　ガンマ双曲線モデル

x_1 と x_2 は互いに独立で，ガンマ分布 $\Gamma(\lambda_i, r)\,(i=1,2)$ に従うものとする．つまり

$$p(x_i) = \frac{1}{\Gamma(r)} x_i^{r-1} \frac{1}{\lambda_i^r} \exp\left(-\frac{x_i}{\lambda_i}\right)$$

$$\lambda_i > 0, \quad r > 0\,(r\text{ は既知とする})$$

このとき $x = (x_1, x_2)$ として

$$p(x, \eta) = \frac{(x_1 x_2)^{r-1}}{\Gamma(r)^2} \exp\{\theta^1 x_1 + \theta^2 x_2 - \psi(\theta)\}$$

$$\theta^1 = -1/\lambda_1, \quad \theta^2 = -1/\lambda_2$$

$$\psi(\theta) = -r \log(\theta^1 \theta^2)$$

これは 2 次元指数型分布族で，期待値母数は

$$\eta_1 = \partial_1 \psi = -r/\theta^1 = r\lambda_1$$

$$\eta_2 = \partial_2 \psi = -r/\theta^2 = r\lambda_2$$

$M = \{q(x, u)\}$ を，次のように 2 次元ガンマ分布族 $S = \{p(x, \eta)\}$ に埋め込まれた $(2, 1)$-曲指数分布族とする．

$$q(x, u) = p\{x, \eta(u)\}$$

$$\eta(u) = [\eta_1(u), \eta_2(u)]$$
$$= [re^u, re^{-u}]$$

M は η-平面の第 1 象限における双曲線 $\eta_1\eta_2 = r^2$ である．この M で仮説検定は

$$H_0 : u = 0, \quad H_1 : u \neq 0$$

とする．

まず，u の最尤推定量 $\hat{u}$ は

$$\hat{u} = \frac{1}{2}\log(\bar{x}_1/\bar{x}_2)$$

よって MLT に付随する補助族 $A = \{A(u)\}$ の各 $A(u)$ は，原点 $(0,0)$ と点 $\eta(u) \in M$ を通る直線である（図 23）．各 $A(u)$ に，η と $\eta(u) \in M$ との距離を局所座標 v として導入する．$\eta \in S$ は $w = (u, v)$-座標系により

$$\begin{aligned}\eta_1 &= re^u - \frac{e^{2u}}{\sqrt{1+e^{4u}}}v \\ \eta_2 &= re^{-u} - \frac{1}{\sqrt{1+e^{4u}}}v\end{aligned} \quad (75)$$

と表される．

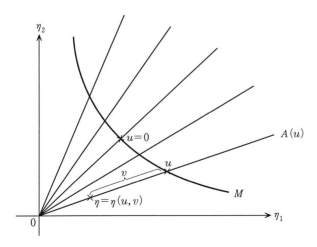

図 **23**

次に，LRT の検定統計量は
$$\lambda(\bar{x}) = -2\log[q(\bar{x}, 0)/q(\bar{x}, \hat{u})]$$
$$= 2(-2e^{\hat{u}}\bar{x}_2 + \bar{x}_1 + \bar{x}_2)$$
よって，棄却域の境界族 $\{\lambda(\eta)=c\}$ は
$$\sqrt{\eta_1} - \sqrt{\eta_2} = \pm c$$
という曲線からなる(図 24)．

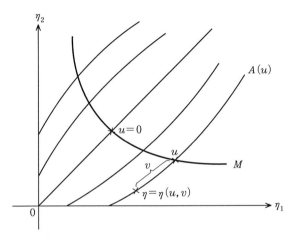

図 24

3 番目に，EST の検定統計量は
$$\lambda(\bar{x}) = B_a^i(u_0)\{\bar{x}_i - \eta_i(u_0)\}$$
$$= \bar{x}_1 - \bar{x}_2$$
よって，棄却域の境界族 $\{\lambda(\eta)=c\}$ は
$$\eta_2 = \eta_1 + c$$
という直線からなる(図 25)．各 $A(u)$ における v-座標として η と $\eta(u) \in M$ との距離を用いると，$\eta \in S$ は $w=(u,v)$-座標系により

$$\eta_1 = re^u - \frac{1}{\sqrt{2}}v$$
$$\eta_2 = re^{-u} - \frac{1}{\sqrt{2}}v \qquad (76)$$

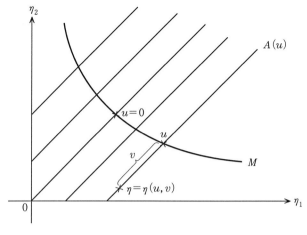

図 25

と表される.

ところで真の母数を u とすると
$$\bar{x} \to \eta(u), \quad N \to \infty$$
であるから,任意の固定された点 $u \notin D$ においてどの検定の検出力も
$$P_T(u) \to 1, \quad N \to \infty$$
となる(図 26).そこで,検出力を評価するための対立仮説点の集合として,次の $U_N(t)$ を用いる.
$$U_N(t) = \{u \in M \mid d(u, D) = t/\sqrt{N}\}$$
ここで $d(u, D)$ は
$$d(u, D) = \min_{u_0 \in D} \sqrt{g_{ab}(u_0)(u^a - u_0^a)(u^b - u_0^b)}$$
で定義される u と D との測地的距離.

D が滑らかな境界 ∂D をもつときには,$U_N(t)$ は D を囲む M の $(m-1)$-次元部分多様体であり,$1/\sqrt{N}$ の速さで ∂D に近づく(図 27).

検出力は D からの距離 $t/\sqrt{N}$ だけでなく,D からの方向にも依存する.他の方向の検出力を犠牲にして,ある特定の方向の検出力を高めることも可能である.そこで方向に関して平均化した

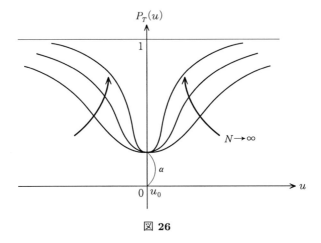

図 26

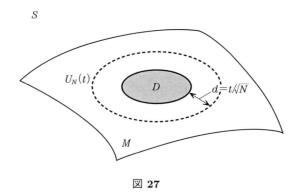

図 27

$$P_T(t, N) = \int_{u \in U_N(t)} P_T(u) du / S_N(t)$$

$S_N(t)$ は $U_N(t)$ の面積

を検出力の評価基準とする.

$P_T(t, N)$ を $N^{-1/2}$ のべき級数に展開し

$$P_T(t, N) = P_{T1}(t) + P_{T2}(t) N^{-1/2} \\ + P_{T3}(t) N^{-1} + O(N^{-3/2}) \quad (77)$$

$P_{Ti}(t), i = 1, 2, 3$ を検定 T の t における i 次漸近検出力とよぶ.

検定 T は，他の任意の検定 T' に対して任意の t で
$$P_{T1}(t) \geq P_{T'1}(t)$$
のとき1次一様有効(最強力)という．

1次一様有効な検定 T は，他の任意の1次一様有効な検定 T' に対して任意の t で
$$P_{T2}(t) \geq P_{T'2}(t)$$
のとき2次一様有効という．1次一様有効な検定を単に有効な検定という．

後で，有効な検定は自動的に2次一様有効であること，3次一様有効な検定は一般には存在しないことが示される．そこで有効な検定 T は，他の任意の有効な検定 T' に対してある特定の t において
$$P_{T3}(t) \geq P_{T'3}(t)$$
のとき3次 t-有効ということにする．とくに無限小の t において3次有効のとき，3次局所有効という．

有効な検定 T は，すべての t において
$$P_{T3}(t) < P_{T'3}(t)$$
となる有効な検定 T' が存在しないとき3次許容的という．

$$P(t,N) = \sup_T P_T(t,N) \quad (78)$$

を包絡検出力関数という．ここで sup は，各 t において検定 T に関してとられる．これも N について展開して
$$P(t,N) = P_1(t) + P_2(t)N^{-1/2}$$
$$+ P_3(t)N^{-1} + O(N^{-3/2}) \quad (79)$$

任意の検定 T に対して
$$P_{T1}(t) \leq P_1(t)$$
であり，1次一様有効な検定 T に対しては
$$P_{T1}(t) = P_1(t)$$
同様に，2次一様有効な検定 T に対しては
$$P_{T2}(t) = P_2(t)$$
任意の有効な検定 T に対して
$$P_{T3}(t) \leq P_3(t)$$

であり，T が 3 次 t'-有効のとき
$$P_{T3}(t') = P_3(t')$$
有効な検定 T に対して
$$\begin{aligned}\Delta P_T(t) &= \lim_{N \to \infty} N\{P(t,N) - P_T(t,N)\} \\ &= P_3(t) - P_{T3}(t)\end{aligned} \quad (80)$$
を T の 3 次検出力損失関数という．後で，いくつかの有効な検定に対してこの検出力損失関数を与える．

4.2　検出力の漸近的評価——スカラー母数の場合

$M = \{q(x,u)\}$ を，スカラー母数 u をもつ $(n,1)$-曲指数分布族とする．M は n 次元指数型分布族 S に，曲線として埋め込まれている．仮説検定には 2 つのタイプがあり，1 つは
$$H_0 : u = u_0, \quad H_1 : u \neq u_0$$
という両側不偏検定，もう 1 つは
$$H_0 : u = u_0, \quad H_1 : u > u_0 \, (u < u_0)$$
という片側検定である．

両側検定の場合，棄却域の境界は 2 つの $(n-1)$-次元部分多様体 $A(u_-)$，$A(u_+)$ からなる．ここで $u_- < u_0 < u_+$（図 28）．片側検定の場合，棄却域の境界は 1 つの $(n-1)$-次元部分多様体 $A(u_+)$ である．ここで $u_+ > u_0$（図 29）．

水準条件，両側検定の場合の不偏性条件はそれぞれ
$$P_T(u_0) = \alpha + O(N^{-i/2}) \quad (81)$$
$$\partial_a P_T(u_0) = O(N^{-i/2}), \quad i = 1,2,3 \quad (82)$$
のように，i 次の検出力を評価する際には i 次の漸近的条件として課すものとする．

対立仮説点を
$$u_t = u_0 + t/\sqrt{Ng} \quad (83)$$
とする．ここで $g = g_{ab}(u_0)$ は，u_0 での M の Fisher 情報量．また，片側

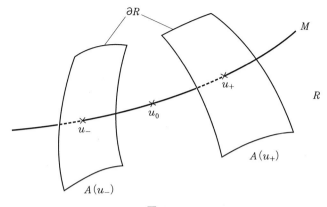

図 28

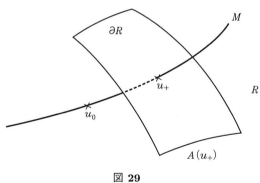

図 29

検定では $t \geq 0$,両側検定では $t \in \mathbb{R}$ とする.
$$P_T(u_t, N) = P_{T1}(t) + P_{T2}(t)N^{-1/2} \\ + P_{T3}(t)N^{-1} + O(N^{-3/2}) \quad (84)$$
と展開し,i 次検出力 $P_{Ti}(t)$ を計算するため
$$\tilde{w}_t = \sqrt{N}\,(\hat{w} - w_t) \\ = (\tilde{u}_t, \tilde{v}), \quad w_t = (u_t, 0)$$

とし，これを式(51)のようにバイアス補正して
$$\tilde{w}_t^* = \tilde{w}_t + C(\hat{u})/(2\sqrt{N})$$
$$= (\tilde{u}_t^*, \tilde{v}^*) \tag{85}$$
とおく．

検出力は
$$P_T(u_t) = 1 - \int_{u_-}^{u_+} p(\hat{u}; u_t)d\hat{u}$$

片側検定では $u_- = -\infty$

と書けるが，$\hat{u}$ の区間 $[u_-, u_+]$ は

$$\tilde{u}_0 = \sqrt{N}(\hat{u} - u_0)$$
$$\tilde{u}_0^* = \tilde{u}_0 + C(\hat{u})/(2\sqrt{N})$$

より $\tilde{u}_0^*$ の区間 $[\tilde{u}_-, \tilde{u}_+]$ になり，さらに
$$\tilde{u}_t^* = \tilde{u}_0^* - t/\sqrt{g}$$
より $\tilde{u}_t^*$ の区間 $[\tilde{u}_{t-}, \tilde{u}_{t+}]$ になる．よって

$$P_T(u_t) = 1 - \int_{\tilde{u}_{t-}}^{\tilde{u}_{t+}} p(\tilde{u}_t^*; u_t)d\tilde{u}_t^* \tag{86}$$

とも書ける．$\tilde{u}_+$ と $\tilde{u}_-$ は(片側検定では $\tilde{u}_- = -\infty$)水準条件

$$\int_{\tilde{u}_-}^{\tilde{u}_+} p(\tilde{u}_0^*; u_0)d\tilde{u}_0^* = 1 - \alpha \tag{87}$$

と不偏性条件(両側検定の場合)

$$\left. \frac{d}{dt} \int_{\tilde{u}_{t-}}^{\tilde{u}_{t+}} p(\tilde{u}_t^*; u_t)d\tilde{u}_t^* \right|_{t=0} = 0 \tag{88}$$

から決められる．

まず1次漸近検出力を求める．
$$p(\tilde{u}_t^*; u_t) = n(\tilde{u}_t^*; \bar{g}) + O(N^{-1/2})$$
の第1項は正規分布であり，分散は
$$\bar{g} = g_{ab}(u_0) - g_{a\kappa}(u_0)g_{b\lambda}(u_0)g^{\kappa\lambda}(u_0)$$
の逆数である．

よって $p(\tilde{u}_t^*; u_t)$ の1次の項は，$g_{a\kappa}(u_0)$ を通してのみ補助族 A(検定 T)に

依存する．$g_{a\kappa}$ は棄却域の境界 ∂R と M との角度を表し，∂R と M が直交するとき $g_{a\kappa}=0$．

一般に $\bar{g} \leq g$ であり，等号成立は $g_{a\kappa}(u_0)=0$ のときである．1 次の段階では

$$g_{a\kappa}(u_t) = O(N^{-1/2}) \tag{89}$$

ならば $g_{a\kappa}(u_0)=0$，つまり $\bar{g}=g$ となる．式(89)が成り立つとき，補助族 A を漸近直交族という．

条件(87)，(88)より，両側不偏検定の場合

$$\sqrt{\bar{g}}\,\tilde{u}_+ = u_2(\alpha) + O(N^{-1/2})$$
$$\sqrt{\bar{g}}\,\tilde{u}_- = -u_2(\alpha) + O(N^{-1/2})$$

ここで $u_2(\alpha)$ は $N(0,1)$ の両側 $100\alpha\%$ 点，つまり

$$\int_{-u_2(\alpha)}^{u_2(\alpha)} n(u;1)du = 1-\alpha$$

片側検定の場合 $\tilde{u}_- = -\infty$ で

$$\sqrt{\bar{g}}\,\tilde{u}_+ = u_1(\alpha) + O(N^{-1/2})$$
$$u_1(\alpha) = u_2(2\alpha)$$

1 次検出力は $p(\tilde{u}_t^*; u_t)=n(\tilde{u}_t^*; \bar{g})$ を用いて，式(86)から計算される．

片側検定の場合

$$P_{T1}(t) = \Phi\left[u_1(\alpha) - \sqrt{\frac{\bar{g}}{g}}t\right]$$

両側検定の場合

$$P_{T1}(t) = \Phi\left[u_2(\alpha) - \sqrt{\frac{\bar{g}}{g}}t\right] + \Phi\left[u_2(\alpha) + \sqrt{\frac{\bar{g}}{g}}t\right]$$

ここで

$$\Phi(t) = \int_t^\infty (2\pi)^{-1/2} \exp\left(-\frac{1}{2}u^2\right) du$$

よって，次の定理を得る．

定理 9 検定 T が 1 次一様有効となるのは，その棄却域の境界 ∂R が M と漸近直交するときであり，そのときに限る．

有効な検定の 1 次漸近検出力は，片側，両側検定でそれぞれ

$$P_{T1}(t) = \Phi[u_1(\alpha) - t] \tag{90}$$

$$P_{T1}(t) = \Phi[u_2(\alpha) - t] + \Phi[u_2(\alpha) + t] \tag{91}$$

次に，2次，3次の有効性について調べる．

$$Q_{ab\kappa} = \partial_a g_{b\kappa}(u_0) \tag{92}$$

とおくと，補助族 A が M と漸近直交するとき

$$g_{a\kappa}(u_t) = tQ_{ab\kappa}/\sqrt{Ng} + O(N^{-1}) \tag{93}$$

と書かれ，$Q_{ab\kappa}$ は棄却域境界 ∂R と M との $O(N^{-1/2})$ の角度を表す量になる．

補助族 A が漸近直交族のとき，$p(\tilde{u}_t^*; u_t)$ の Edgeworth 展開は $O(N^{-1/2})$ までは定理 5 と同じである．$O(N^{-1})$ の項は，$Q_{ab\kappa}$ と A の m-曲率 H_A^m の 2 乗を通してのみ補助族 A(検定 T)に依存する．これらの項に関する具体的な計算から，次の定理を得る．

定理10 1次一様有効な検定 T は 2 次一様有効であり，その 3 次検出力損失関数は

$$\Delta P_T(t) = \xi_i(t,\alpha) \left[\frac{1}{2} (H_A^m)^2 + u_i^2(\alpha) g^{\kappa\lambda} g^{-2} \right.$$
$$\left. \times \{Q_{ab\kappa} - J_i(t,\alpha) H_{ab\kappa}^{(e)}\} \{Q_{cd\lambda} - J_i(t,\alpha) H_{cd\lambda}^{(e)}\} \right] \tag{94}$$

ここで $i=1$ は片側検定，$i=2$ は両側検定の場合を示し

$$\xi_1(t,\alpha) = \frac{t}{2} n\{u_1(\alpha) - t\}$$

$$\xi_2(t,\alpha) = \frac{t}{2} [n\{u_2(\alpha) - t\} - n\{u_2(\alpha) + t\}]$$

$$J_1(t,\alpha) = 1 - \frac{t}{2u_1(\alpha)} \quad (\text{図 30}) \tag{95}$$

$$J_2(t,\alpha) = 1 - \frac{t}{2u_2(\alpha) \tanh u_2(\alpha) t} \quad (\text{図 31}) \tag{96}$$

$$(H_A^m)^2 = H_{\kappa\lambda a}^{(m)} H_{\mu\nu b}^{(m)} g^{\kappa\mu} g^{\lambda\nu} g^{-1} \tag{97}$$

$n(u)$ は $N(0,1)$ の密度関数

式 (94) において，$\xi_i(t,\alpha) \geq 0$ より

$$\Delta P_T(t) = 0 \quad \Leftrightarrow \quad H_A^m(u_0) = 0 \quad \text{かつ} \quad Q_{ab\kappa} = J_i(t,\alpha) H_{ab\kappa}^{(e)}$$

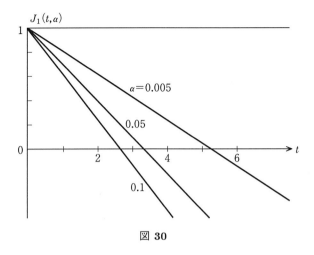

図 30

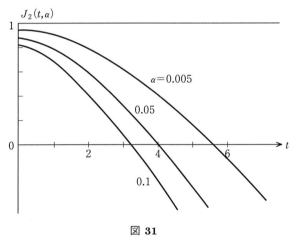

図 31

付随する補助族 A が

$$H_A^m(u_t) = O(N^{-1/2}) \qquad (98)$$

であれば, $H_A^m(u_0)=0$ となる. 式(98)を満たす A を漸近 m-平坦という.

よってまず, 次の系を得る.

系 1 有効な検定が 3 次許容的であるためには, 棄却域の境界 ∂R が漸近 m-平坦であることが必要である.

付随する補助族 A が漸近直交かつ漸近 m-平坦であり，k を定数として
$$Q_{ab\kappa} = k H_{ab\kappa}^{(e)} \tag{99}$$
という検定を k-検定とよぶことにする．k-検定は 1 次，2 次一様有効である．

系 2 k-検定の 3 次検出力損失関数は
$$\Delta P_T(t) = u_i^2(\alpha) \xi_i(t,\alpha) \{k - J_i(t,\alpha)\}^2 \gamma^2, \quad i = 1, 2 \tag{100}$$
$$\gamma^2 = H_{ab\kappa}^{(e)} H_{cd\lambda}^{(e)} g^{\kappa\lambda} g^{-2} \tag{101}$$
そして有効な検定は，それが $k = J_i(t_0, \alpha)$-検定のとき 3 次 t_0-有効である．

式 (101) の γ^2 は，1 次元モデル M の統計的 2 乗曲率ともよばれている．例 7 の類似モデル $\{N(u, ru^2)\}$ では
$$\gamma^2 = \frac{2r^2}{(2r+1)^3} \tag{102}$$

例 8 の正規円モデルでは
$$\gamma^2 = \frac{1}{r^2} \tag{103}$$

例 9 のガンマ双曲線モデルでは
$$\gamma^2 = \frac{1}{2r} \tag{104}$$

式 (102) は最尤推定量に付随する (u, v)-座標系
$$\eta_1 = u + uv, \quad \eta_2 = (r+1)u^2 + u^2 v \tag{105}$$
を用いて，式 (103)，(104) は同じく式 (73)，(75) を用いて定義 (101) から計算される．

系 2 より，統計モデルの e-曲率 $\neq 0$ のとき一様有効（最強力）検定は存在しない．

検定 T は，片側検定の場合
$$\left. \frac{d}{dt} P_T(t) \right|_{t=0}$$
両側不偏検定の場合

$$\left.\frac{d^2}{dt^2}P_T(t)\right|_{t=0}$$

が最大のとき，それぞれ局所最強力検定(LMPT)という．式(95)，(96)について

$$\lim_{t\to 0}J_1(t,\alpha)=1$$
$$\lim_{t\to 0}J_2(t,\alpha)=1-\frac{1}{2u_2^2(\alpha)}$$

より，次の漸近的結果を得る．

定理 11 3次局所最強力検定(LMPT)は，$k=J_i(\alpha)$-検定で与えられる．ここで

片側検定では $\quad J_1(\alpha)=1 \hfill (106)$

両側検定では $\quad J_2(\alpha)=1-\dfrac{1}{2u_2^2(\alpha)} \hfill (107)$

4.3　3検定の漸近的特徴

■MLT　MLTに付随する補助族 A は m-平坦 $H_A^m=0$ であり，直交族 $g_{a\kappa}(u_t)=0$ だから $Q_{ab\kappa}=0$ である．

定理 12 MLT は $k=0$-検定で，その3次検出力損失関数は

$$\Delta P_T(t)=u_i^2(\alpha)\xi_i(t,\alpha)J_i^2(t,\alpha)\gamma^2,\quad i=1,2 \hfill (108)$$

MLT は，$J_i(t,\alpha)=0$ の解 t_{mlt} で3次 t_{mlt}-有効である(図 32, 図 33)．

■LRT　LRT の検定統計量は

$$\lambda(\bar x)=-2\log\{q(\bar x,u_0)/q(\bar x,\hat u)\}$$

ここで $\hat u=\hat u(\bar x)$ は u の最尤推定量．

曲指数分布族では

$$\lambda(\bar x)=2(\theta^i-\theta_0^i)\bar x_i-2\{\psi(\theta)-\psi(\theta_0)\}$$
$$\theta_0=\theta(u_0),\quad \theta=\theta(\hat u)$$

と書ける．LRT の特徴は

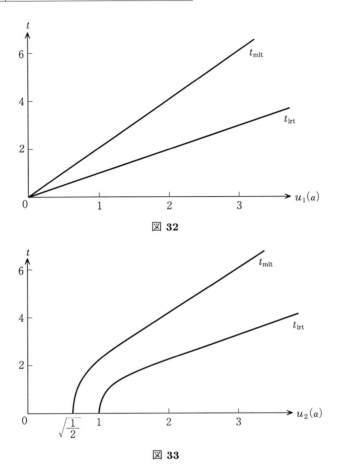

図 32

図 33

$$\lambda(\eta) = 2(\theta^i - \theta_0^i)\eta_i - 2\{\psi(\theta) - \psi(\theta_0)\} = c$$

で定義される補助族 $\{\lambda(\eta) = c\}$ の幾何学的性質から得られる.

まず，部分多様体 $\lambda(\eta) = 0$ は $\theta(\eta) = \theta_0$，つまり $\hat{u}(\eta) = u_0$ を満たす点 η からなる．よって，それは最尤推定量に付随する $A(u_0)$ に一致し

$$g_{a\kappa}(u_0) = 0, \quad H_A^m(u_0) = 0$$

図 21, 図 24 にみられるように，LRT に付随する補助族は漸近直交，漸近 m-平坦である．

次に，$Q_{ab\kappa}$ を計算する．

$$\frac{1}{2} \cdot \frac{\partial \lambda}{\partial \eta_i} = \theta^i - \theta_0^i + \frac{\partial \theta^j}{\partial \eta_i} \eta_j - \frac{\partial \psi(\theta)}{\partial \eta_i}$$

において，点 $\eta = \eta(u, 0)$ では $\theta^i(\eta) = \theta^i(u)$，また $\partial \psi(\theta)/\partial \eta_i = \eta_j (\partial \theta^j/\partial \eta_i)$ だから

$$\frac{1}{2} \partial \lambda(u)/\partial \eta_i = \theta^i(u) - \theta^i(u_0)$$

ゆえに，恒等式 $B_{\kappa i}(u) \cdot \partial \lambda(u)/\partial \eta_i = 0$ より

$$B_{\kappa i}(u_t)[\theta^i(u_t) - \theta^i(u_0)] = 0$$

$[\cdot]$ を u_t のまわりで展開して

$$B_{\kappa i}(u_t) \left[B_a^i(u_t)(u_t - u_0) - \frac{1}{2} \partial_a B_b^i (u_t - u_0)^2 \right] = 0$$

これより

$$g_{a\kappa}(u_t) = \frac{1}{2} H^{(e)}_{ab\kappa}(u_t - u_0) + O(N^{-1})$$

つまり

$$Q_{ab\kappa} = \frac{1}{2} H^{(e)}_{ab\kappa}$$

以上をまとめて，次の定理を得る．

定理 13　LRT は $k = \frac{1}{2}$-検定で，その 3 次検出力損失関数は

$$\Delta P_T(t) = u_i^2(\alpha) \xi_i(t, \alpha) \left\{ \frac{1}{2} - J_i(t, \alpha) \right\}^2 \gamma^2, \quad i = 1, 2 \qquad (109)$$

LRT は，$J_i(t, \alpha) = \frac{1}{2}$ の解 t_{lrt} で 3 次 t_{lrt}-有効である（図 32, 図 33）．

■EST　EST の検定統計量は

$$\lambda(\bar{x}) = \lambda\{\partial_a l(\bar{x}, u_0)\}$$

で，スカラー母数の曲指数分布族では

$$\lambda(\bar{x}) = B_a^i(u_0)\{\bar{x}_i - \eta_i(u_0)\}$$

と同等である．EST の特徴は

$$\lambda(\eta) = B_a^i(u_0)\{\eta_i - \eta_i(u_0)\} = c$$

で定義される補助族 $\{\lambda(\eta) = c\}$ の幾何学的性質から得られる．

まず，$\lambda(\eta)$ は η について線形だから，付随する $A(u)$ は常に m-平坦であ

る. そして $\lambda(\eta) = 0$ は最尤推定量に付随する $A(u_0)$ に一致する. よって
$$g_{a\kappa}(u_0) = 0, \quad H_A^m(u) = 0, \quad \forall u \in M$$
図 22, 図 25 にみられるように, EST に付随する補助族は漸近直交, m-平坦である.

次に, $Q_{ab\kappa}$ を計算する.
$$\partial \lambda / \partial \eta_i = B_a^i(u_0)$$
だから, 恒等式 $B_{\kappa i}(u) \cdot \partial \lambda(u) / \partial \eta_i = 0$ より
$$B_{\kappa i}(u) B_a^i(u_0) = 0$$
$B_a^i(u_0)$ を u_t のまわりで展開して
$$B_{\kappa i}(u_t)[B_a^i(u_t) - \partial_b B_a^i(u_t - u_0)] = 0$$
これより
$$g_{a\kappa}(u_t) = H_{ab\kappa}^{(e)}(u_t - u_0) + O(N^{-1})$$
つまり
$$Q_{ab\kappa} = H_{ab\kappa}^{(e)}$$

また, 式 (95), (96) について図 30, 図 31 より $1 = J_1(0, \alpha)$ であるが, 常に $1 > J_2(t, \alpha)$. そして式 (107) の $k = J_2(\alpha)$-検定の 3 次検出力損失は, すべての t において EST のそれより小さい. 以上をまとめて, 次の定理を得る.

定理 14 EST は $k = 1$-検定で, その 3 次検出力損失関数は
$$\Delta P_T(t) = u_i^2(\alpha) \xi_i(t, \alpha) \{1 - J_i(t, \alpha)\}^2 \gamma^2, \quad i = 1, 2 \quad (110)$$
EST は, 片側検定の場合, 3 次局所有効であるが, 両側検定の場合, 3 次許容的でない.

図 34 に, 例 8 の正規円モデルで $r = 1$, $N = 5$, $\alpha = 0.05$ の場合の, 両側検定における各検定の検出力曲線を示す.

図 35, 図 36 は, それぞれ $\alpha = 0.05$ の場合の両側, 片側検定において, 各検定の $N \Delta P_T(t) / \gamma^2$ を t の関数として表したものである. この量は, 特定のモデルや標本数に依らないという意味をもっている.

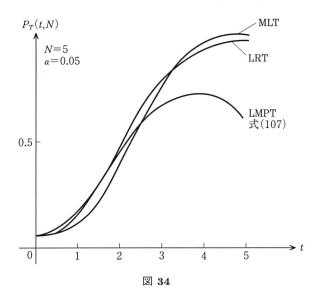

図 34

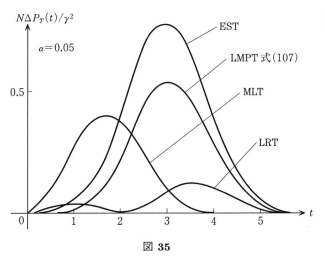

図 35

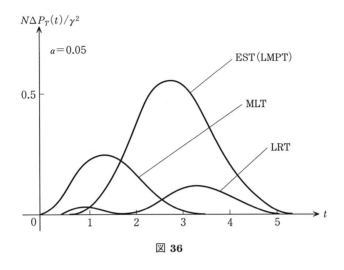

図 36

4.4 区間推定の漸近的性質

$(n,1)$-曲指数分布族 $M = \{q(x,u)\}$ における区間推定を扱う．区間推定 I とは，十分統計量 $\bar{x} \in S$ から母数 u のある区間への写像

$$I(\bar{x}) = (u_-, u_+)$$

であり，この区間を信頼区間という．$u_- = -\infty$ のときは片側信頼区間，そうでないときは両側信頼区間とよばれる．

区間推定の評価は，その検出力やサイズによってなされる．真の母数が u_0 のとき，区間推定 I の u での検出力は u が $I(\bar{x})$ に含まれない確率

$$P_I(u \mid u_0) = \text{Prob}\{u \notin I(\bar{x}) \mid u_0\} \tag{111}$$

で定義される．

またそのサイズは信頼区間 $I(\bar{x})$ の測地的長さの期待値，つまり片側区間の場合

$$L_I(u_0) = \sqrt{Ng(u_0)}\, E[u_+ - u_0] \tag{112}$$

両側区間の場合

$$L_I(u_0) = \sqrt{Ng(u_0)}\, E[u_+ - u_-] \tag{113}$$

で定義される.

区間推定は仮説検定と密接な関係にある. $T(u_0)$ を仮説検定
$$H_0: u = u_0, \quad H_1: u \neq u_0$$
に対するある両側不偏検定とし, $\bar{R}_T(u_0)$ を $T(u_0)$ の受容域とする. このとき, 検定の族 $T = \{T(u) \mid u \in M\}$ から区間推定
$$I_T(\bar{x}) = \{u' \mid \bar{x} \in \bar{R}_T(u')\} \quad (114)$$
が得られる. この区間推定は, 観測値 $\bar{x}$ から $H_0: u = u'$ が棄却されなかったときに $u' \in M$ が信頼区間 $I_T(\bar{x})$ に含まれるというものである. 逆に, ある区間推定 $I(\bar{x})$ が与えられたとき受容域が
$$\bar{R}_I(u_0) = \{\bar{x} \mid u_0 \in I(\bar{x})\} \quad (115)$$
である検定 T_I が得られる.

これらのことは, 検定と区間推定はある部分集合 $K \subset M \times S$ の, それぞれ一断面であることを示している (図 37). すなわち, $u = u_0 \in M$ での切り口が受容域
$$\bar{R}(u_0) = \{\bar{x} \mid (u_0, \bar{x}) \in K\}$$
となり, $\hat{\eta} = \bar{x} \in S$ での切り口が信頼区間
$$I(\bar{x}) = \{u \mid (u, \bar{x}) \in K\}$$
となる.

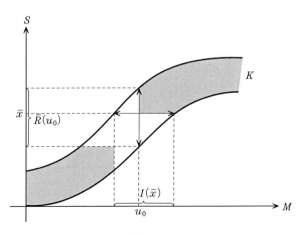

図 **37**

したがって，区間推定の評価は対応する検定の評価を通じて行える．実際，u_0 が真の母数のとき

$$\text{Prob}\{u' \notin I_T(\bar{x}) \mid u_0\} = \text{Prob}\{\bar{x} \notin \bar{R}_T(u') \mid u_0\}$$

より

$$P_I(u' \mid u_0) = P_T(u_0 \mid u') \tag{116}$$

ここで右辺は，$H_0 : u = u'$ のときの u_0 での検定 T の検出力．

検定の場合と同様に，区間推定 I は u_0 での検定力が

$$P_I(u_0 \mid u_0) = \alpha$$

のとき水準 α といい，

$$\partial_a P_I(u_0 \mid u_0) = 0$$

のとき不偏という．漸近理論ではこれらの条件は，i 次の段階では $O(N^{-i/2})$ ($i = 1, 2, 3$) のレベルで課される．

$$u_t = u_0 + t/\sqrt{Ng}$$

とおき，u_t での検出力を

$$\begin{aligned} P_I(u_t \mid u_0) = P_{I1}(t) &+ P_{I2}(t)N^{-1/2} \\ &+ P_{I3}(t)N^{-1} + O(N^{-3/2}) \end{aligned} \tag{117}$$

と展開する．同様にサイズ $L_I(u_0)$ も

$$L_I(u_0) = L_{I1} + L_{I2}N^{-1/2} + L_{I3}N^{-1} + O(N^{-3/2}) \tag{118}$$

と展開される．

区間推定 I は，他の任意の区間推定 I' に対して任意の t で

$$P_{I1}(t) \geq P_{I'1}(t)$$

のとき1次一様有効という．

定理 15 区間推定 I が1次一様有効となるのは，付随する補助族が漸近直交族のときであり，このときに限る．∎

2次一様有効性も同様に定義される．2次一様有効な区間推定 I は，他の任意の2次一様有効な区間推定 I' に対してある特定の t において

$$P_{I3}(t) \geq P_{I'3}(t)$$

のとき3次 t-有効という．

k-検定から得られる区間推定を k-区間推定とよぶ．定理10の系2から，次の定理が得られる．

定理 16 k-区間推定は，1 次かつ 2 次一様有効である．それは
$$k = J_i(t_0, \alpha), \quad i = 1, 2$$
を満たす t_0 において 3 次 t_0-有効である．ここで $i=1$ は片側区間，$i=2$ は両側区間．

k-区間推定の信頼区間は，次の定理で与えられる．

定理 17 k-区間推定の信頼区間 (u_-, u_+) の上下限 $u\pm$ は，最尤推定量 $\hat{u}$ と補助統計量
$$\begin{aligned} \tilde{r} &= H_{ab\kappa}^{(e)}(\hat{u})\tilde{v}^\kappa \\ &= \sqrt{N}\{\partial_a\partial_b l(\bar{x}, \hat{u}) + g_{ab}(\hat{u})\} \end{aligned} \quad (119)$$
を用いて，片側区間の場合 $u_- = -\infty$,
$$\begin{aligned} u_+ &= \hat{u} + u_1(\alpha)g^{-1/2}N^{-1/2} \\ &\quad + [u_1(\alpha)g^{-3/2}k\tilde{r} - u_1^2(\alpha)g^{-2}\Gamma_1/2]N^{-1} \end{aligned} \quad (120)$$

両側区間の場合
$$\begin{aligned} u_+ &= \hat{u} + u_2(\alpha)g^{-1/2}N^{-1/2} \\ &\quad + [u_2(\alpha)g^{-3/2}k\tilde{r} - u_2^2(\alpha)g^{-2}\Gamma_2/2]N^{-1} \\ u_- &= \hat{u} - u_2(\alpha)g^{-1/2}N^{-1/2} \\ &\quad - [u_2(\alpha)g^{-3/2}k\tilde{r} + u_2^2(\alpha)g^{-2}\Gamma_2/2]N^{-1} \end{aligned} \quad (121)$$

ここで $\Gamma_1 = \Gamma_1(\hat{u})$, $\Gamma_2 = \Gamma_2(\hat{u})$ はそれぞれ M のある接続係数で
$$\Gamma_{abc}^{(\alpha)} = \Gamma_{abc}^{(m)} - \frac{1+\alpha}{2}T_{abc} \quad (122)$$
として
$$\Gamma_1 = \Gamma_{abc}^{(\alpha_1)}, \quad \alpha_1 = \frac{1}{3} + \frac{2}{3u_1^2(\alpha)} \quad (123)$$
$$\Gamma_2 = \Gamma_{abc}^{(\alpha_2)}, \quad \alpha_2 = \frac{1}{3} \quad (124)$$

式 (105), (73), (75) を用いて例 7 の類似モデル $\{N(u, ru^2)\}$ では
$$\tilde{r} = \frac{\sqrt{N}(\hat{u} - \bar{x})}{r\hat{u}^3} \quad (125)$$
$\hat{u}$ は $r\hat{u}^2 + \bar{x}\hat{u} - \overline{x^2} = 0$ の解．

$$\Gamma^{(\alpha)}_{abc} = -\frac{1+2r+(3+4r)\alpha}{ru^3}$$

例 8 の正規円モデルでは

$$\tilde{r} = \sqrt{N}\{r^2 - r\sqrt{(\bar{x}_1)^2 + (r-\bar{x}_2)^2}\} \tag{126}$$

$$\Gamma^{(\alpha)}_{abc} = 0$$

例 9 のガンマ双曲線モデルでは

$$\tilde{r} = \sqrt{N}(2r - 2\sqrt{\bar{x}_1 \bar{x}_2}) \tag{127}$$

$$\Gamma^{(\alpha)}_{abc} = 0$$

と計算される．

式 (119) の $\tilde{r}$ は，条件付推定において最尤推定量 $\hat{u}$ の情報量損失を漸近的に回復する補助統計量として知られている．

図 38, 図 39 に示すように，$k=0$-区間推定 (MLT にもとづく区間) は $\tilde{r}$ の情報を用いていないが，$k(\neq 0)$-区間推定 (たとえば LRT にもとづく区間) は $\tilde{r}$ の情報が自動的に用いられた区間推定になっている．

定理 17 および区間の $O(N^{-1})$ 項に関する具体的な計算から，サイズについて次の結果を得る．

定理 18 k-区間推定は 1 次, 2 次最小サイズである．それが 3 次最小サイズになるのは

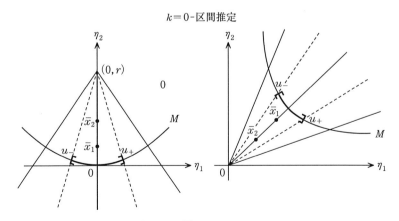

図 38

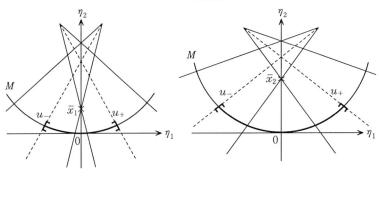

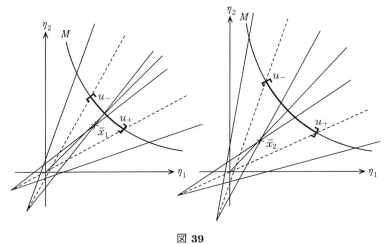

図 39

$$k(\alpha) = \frac{u_i^2(\alpha) - 1}{2\{u_i^2(\alpha) - 2\}} \tag{128}$$

$i=1$ は片側区間, $i=2$ は両側区間

のときである.

図 40 より, MLT にもとづく $k=0$-区間推定はサイズの点でも不適といえる.

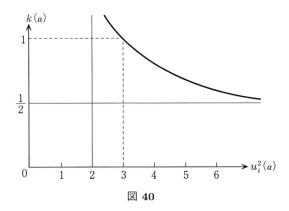

図 40

注 一般に，ある統計量 $v(\bar{x})$ の分布が母数 u に依らないとき，$v(\bar{x})$ を補助統計量という．補助統計量が存在するときには，その観測値が与えられた条件のもとで母数 u に関する推論を行う，というのが条件付推論である．

式(119)の $\tilde{r}$ はその分布が漸近的に u に依らないもので，正確な補助統計量 $v(\bar{x})$ は必ずしも存在しない．

ところで，統計的2乗曲率(102), (103), (104)はいずれも母数 u に依らず定曲率である．これは3つともある群によって生成される変換モデルになっているからで，この場合には必ず正確な補助統計量が存在する．

実際，例7の類似モデル $\{N(u, ru^2)\}$ では
$$v(\bar{x}) = (\bar{x})^2/\overline{x^2} \quad (\text{図 41(a)}) \tag{129}$$
例8の正規円モデルでは
$$v(\bar{x}) = \sqrt{(\bar{x}_1)^2 + (r - \bar{x}_2)^2} \quad (\text{図 41(b)}) \tag{130}$$
例9のガンマ双曲線モデルでは
$$v(\bar{x}) = \sqrt{\bar{x}_1 \bar{x}_2} \quad (\text{図 41(c)}) \tag{131}$$
なお，式(126), (127)はそれぞれ式(130), (131)と同等であるが，(125)は(129)と同等ではない．

補助統計量 $v(\bar{x})$ が存在するためには，モデルにある種の等質性が必要である．これについては

M. Kumon, On the conditions for the existence of ancillary statistics in a curved exponential family, preprint.

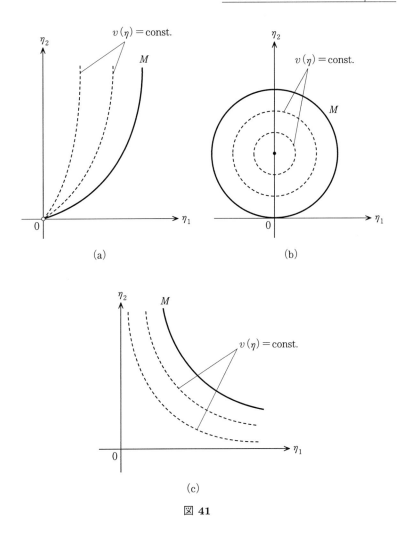

図 41

4.5 検出力の漸近的評価——ベクトル母数の場合

(n, m)-曲指数分布族 $(m \geq 2)$ で,仮説検定

$$H_0 : u = u_0, \quad H_1 : u \neq u_0$$

を水準条件
$$P_T(u_0) = \alpha$$
と不偏性条件
$$\partial_a P(u_0) = 0, \quad a = 1, \cdots, m$$
のもとで考える.

$e = (e^a)$ を接空間 $T_{u_0}(M)$ の単位ベクトル, つまり
$$g_{ab}(u_0)e^a e^b = 1$$
とし
$$u_{t,e} = u_0 + teN^{-1/2}$$
とおく. $u_{t,e}$ は, u_0 から e の方向に測地的距離 $t/\sqrt{N}$ だけ離れた点である (図 42).

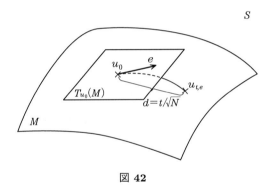

図 **42**

検定 T に付随する補助族 $A = \{A(u)\}$ を, 棄却域の境界が
$$\partial R = \{A(u) \mid u \in \partial R_M = \partial R \cap M\}$$
となるように構成する. 観測点 $\hat{\eta} = \bar{x} \in S$ は, この A により $\bar{x} = \eta(\hat{u}, \hat{v})$ と分解される (図 43). $\hat{u}$ をバイアス補正し規格化した
$$\tilde{u}^*_{t,e} = \sqrt{N}(\hat{u} - u_{t,e}) + C(\hat{u})/(2\sqrt{N})$$
を用いると, 検定 T の $u_{t,e}$ での検出力は
$$P_T(t,e) = \int_{R_{M,t,e}} p(\tilde{u}^*_{t,e}; u_{t,e}) d\tilde{u}^*_{t,e}$$
ここで $R_{M,t,e}$ は, $\hat{u}$ の領域 R_M から得られる $\tilde{u}^*_{t,e}$ の積分領域.

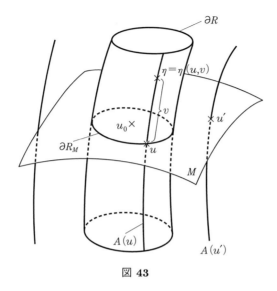

図 43

検出力の評価は $P_T(t,e)$ を方向 e に関して平均化した
$$P_T(t) = \langle P_T(t,e) \rangle_e$$
を展開して
$$P_T(t) = P_{T1}(t) + P_{T2}(t)N^{-1/2} + P_{T3}(t)N^{-1} + O(N^{-3/2})$$
を用いる.

1次検出力 $P_{T1}(t)$ について調べる. $\tilde{w}_{t,e}^* = (\tilde{u}_{t,e}^*, \tilde{v}^*)$ の分布の第1次の項は正規分布 $n(\tilde{w}_{t,e}^*; g_{\alpha\beta})$ である.

まず, t に関して一様に $P_{T1}(t)$ が最大となるような $\bar{R}_M = \bar{R} \cap M$ の形を求める. そこで, 水準条件 $P_{T1}(0) = \alpha$ のもとで
$$P_{T1}(t) = \int_R \langle n(\tilde{w}_{t,e}^*; g_{\alpha\beta}) \rangle_e d\tilde{w}_0^*$$
を最大化する問題を考える. 最適な R は変分方程式
$$\delta \int_R \{\langle n(\tilde{w}_{t,e}^*; g_{\alpha\beta}) \rangle_e - \lambda n(\tilde{w}_0^*; g_{\alpha\beta})\} d\tilde{w}_0^* = 0$$
の解として得られる. ここで λ は Lagrange 乗数で, 変分 δ は積分領域 R に対してとられる. この結果は ∂R 上で

$$\langle n(\tilde{w}_{t,e}^*\,;g_{\alpha\beta})\rangle_e - \lambda n(\tilde{w}_0^*\,;g_{\alpha\beta}) = 0 \tag{132}$$

最適な ∂R_M は, $\tilde{v}^* = 0$ とおくことで得られ

$$\langle n(\tilde{u}_{t,e}^*\,;g_{ab})\rangle_e / n(\tilde{u}_0^*\,;g_{ab}) = \lambda$$

左辺は t と $\tilde{r}^2 = g_{ab}(u_0)\tilde{u}_0^{*a}\tilde{u}_0^{*b}$ のみの関数である. よって最適な $\bar{R}_M$ は

$$\bar{R}_M = \{\tilde{u}_0^* \mid g_{ab}(u_0)\tilde{u}_0^{*a}\tilde{u}_0^{*b} \le c_0^2\} \tag{133}$$

ここで c_0^2 は水準条件から決まる. H_0 が真のとき, $\tilde{r}^2$ は自由度 m の χ^2-分布に従うから $c_0^2 = \chi_{m,\alpha}^2$, ただし $\chi_{m,\alpha}^2$ は $\chi^2(m)$ の上側 $100\alpha\%$ 点.

一方, 式(132)を $\tilde{v}^*$ に関して積分することにより

$$\langle n(\tilde{u}_{t,e}^*\,;\bar{g}_{ab})\rangle_e / n(\tilde{u}_0^*\,;\bar{g}_{ab}) = \lambda$$

ここで

$$\bar{g}_{ab} = g_{ab}(u_0) - g_{a\kappa}(u_0)g_{b\lambda}(u_0)g^{\kappa\lambda}(u_0)$$

λ は $\tilde{r}^2$ の関数であったから, 上式の等号成立は

$$\bar{g}_{ab} = g_{ab} \quad \text{つまり} \quad g_{a\kappa}(u_0) = 0$$

のときに限る.

また, 最適な検定の 1 次検出力は

$$\begin{aligned}P_1(t) &= 1 - \int_{\bar{R}_M} \langle n(\tilde{u}_{t,e}\,;g_{ab})\rangle_e d\tilde{u}_0 \\ &= 1 - \int_0^{c_0} c^{m-1} Z_m(c,t) dc\end{aligned} \tag{134}$$

ここで

$$Z_m(c,t) = \int_{S^{m-1}} \phi_m(u,t) d\omega_{m-1} \tag{135}$$

$$\phi_m(u,t) = (2\pi)^{-m/2} \exp\left\{-\frac{1}{2}g_{ab}(u_0)(\bar{u}^a - te^a)(\bar{u}^b - te^b)\right\}$$

$$\bar{u}^a = u^a - u_0^a, \quad c^2 = g_{ab}(u_0)\bar{u}^a\bar{u}^b$$

で, 式(135)は中心 u_0 の $(m-1)$-次元単位球面

$$S^{m-1} = \{e \mid g_{ab}(u_0)e^a e^b = 1\}$$

上での積分を表し, 次のようにも書ける.

$$Z_m(c,t) = (2\pi)^{-m/2} S^{m-2}(1) \exp\{-\frac{1}{2}(c^2+t^2)\} A_m(c,t)$$

$$A_m(c,t) = \int_{-1}^{1} (1-z^2)^{(m-3)/2} \exp(ctz) dz$$

ただし，$S^{m-2}(1)$ は $(m-2)$-次元単位球面の面積で，$m=2$ のときこれは 2 とする．

以上をまとめて，次の定理を得る．

定理 19 検定 T が 1 次一様有効となるのは，付随する補助族が漸近直交族のときであり，このときに限る．そして M 上での最適な受容域 $\bar{R}_M$ は，u_0 を中心とする測地球

$$\tilde{r}^2 = g_{ab}(u_0)\tilde{u}_0^{*a}\tilde{u}_0^{*b} \leq \chi_{m,\alpha}^2 \tag{136}$$

で与えられる．

仮説検定に対応するベクトル母数の領域推定についての結果は，次の通りである．

定理 20 母数 $u=(u^a)$ の 1 次一様有効な領域推定の信頼領域は $\hat{u}=(\hat{u}^a)$ を u の最尤推定量として，$\hat{u}$ を中心とする測地球

$$g_{ab}(\hat{u})(u^a - \hat{u}^a)(u^b - \hat{u}^b) \leq \chi_{m,\alpha}^2/N \tag{137}$$

で与えられる．

2 次，3 次の検出力を評価する際，M 上の受容域は式(133)と相似な

$$\begin{aligned}\bar{R}_M &= \{\tilde{u}_0^* \mid g_{ab}(u_0)(\tilde{u}_0^{*a}-\delta^a)(\tilde{u}_0^{*b}-\delta^b) \leq (c_0+\varepsilon)^2\} \\ c_0^2 &= \chi_{m,\alpha}^2\end{aligned} \tag{138}$$

とする．式(138)は，測地球(133)の中心を $\delta=(\delta^a)$ ずらし，半径を ε 変化させたものである．これらの値は 2 次，3 次の水準，不偏性条件から決まり

- δ は $O(N^{-1/2})$ で，検定方式に依らず，
- ε は $O(N^{-1})$ で，補助族 A の角度を示す式(92)の $Q_{ab\kappa}$ と m-曲率の 2 乗 $(H_A^m)^2$ を通して検定方式に依存する．

したがって，1 次一様有効な検定は同時に 2 次一様有効であり，3 次の有効性についてもスカラー母数の場合に類似した結果が成り立つ．

δ, ε の具体的表現を含め，これらについては

M. Kumon and S. Amari, Differential geometry of testing hypothesis——a higher order asymptotic theory in Multi-Parameter Curved Exponential Family. *Journal of the fac. of eng., the University of Tokyo (B)*, Vol XXXIX, No. 3, 1988.

注　定理 10 の前に述べたように，$p(\tilde{u}_t^*; u_t)$ の $O(N^{-1})$ 項は角度 $Q_{ab\kappa}$ と m-曲率の 2 乗 $(H_A^m)^2$ を通してのみ検定方式に依存する．$(H_A^m)^2$ は $\bar{x}$ の正規分布近似から生じるが，$Q_{ab\kappa}$ は $\bar{x}$ の分布の $O(N^{-1/2})$, $O(N^{-1})$ 部分からも生じる．

したがって，多項分布の曲指数分布族における検定の 3 次有効性については，漸近 m-平坦条件は成り立つのではないかと思われる．しかし，角度 $Q_{ab\kappa}$ に関する条件は定かでない．

注　第 3 章，第 4 章では曲指数分布族に対する推定，検定を扱ってきたが，そこでの諸結果は一般の正則な連続分布族に対しても成り立つ．それは以下のように，正則な連続分布族が任意の次数まで曲指数分布族で近似できることによる．

簡単のため，$M = \{q(x, u)\}$ をスカラー母数 u をもつ統計モデルとする．このとき
$$l(x, u) = \log q(x, u)$$
を $u = u_0$ のまわりで Taylor 展開して
$$l(x, u) = l(x, u_0) + l^{(1)}(x, u_0)(u - u_0)$$
$$+ \cdots + \frac{1}{n!} l^{(n)}(x, u_0)(u - u_0)^n$$
$$+ O(|u - u_0|^{n+1})$$
$$l^{(i)}(x, u_0) = \left. \frac{d^i}{du^i} l(x, u) \right|_{u = u_0}$$
これより
$$q(x, u) = q(x, u_0) \exp \left\{ \sum_{i=1}^n l^{(i)}(x, u_0) \frac{(u - u_0)^i}{i!} + O(|u - u_0|^{n+1}) \right\}$$
そこで

として
$$x_i = l^{(i)}(x, u_0), \quad i = 1, \cdots, n$$

$$p(x, \theta) = q(x, u_0) \exp\left\{\sum_{i=1}^n \theta^i x_i - \psi(\theta)\right\}$$

という n 次元指数型分布族 $S = \{p(x, \theta)\}$ を考え，

$$\tilde{q}(x, u) = q(x, u_0) \exp\left\{\sum_{i=1}^n \theta^i(u) x_i - \psi[\theta(u)]\right\}$$

$$\theta^i(u) = \frac{(u - u_0)^i}{i!}, \quad i = 1, \cdots, n$$

とおけば，$M = \{q(x, u)\}$ は $O(|u - u_0|^{n+1})$ の差を除いて曲指数分布族 $\tilde{M} = \{\tilde{q}(x, u)\}$ で近似される（図 44）．

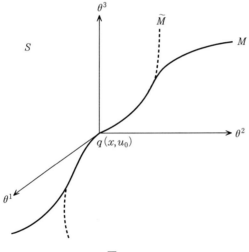

図 44

u_0 は推定では推定点，検定では帰無仮説点とすればよい．そして
$$(l^{(1)}(\bar{x}, u_0), l^{(2)}(\bar{x}, u_0), \cdots, l^{(n)}(\bar{x}, u_0))$$
を漸近十分統計量として，図 44 のイメージにもとづいて同様な結果が得られるわけである．

5 攪乱母数のある推定，検定

5.1 攪乱母数のある統計モデル

m 個の母数 $u = (u^1, \cdots, u^m)$ と，k 個の母数 $z = (z^{m+1}, \cdots, z^{m+k})$ という 2 種類の母数をもつ $(n, m+k)$-曲指数分布族 $M = \{q(x, u, z)\}$ を考える．母数 u が統計的推論の対象であり母数 z は対象外のとき，u を構造母数，z を攪乱母数とよぶ．そして，母数 (u, z) のうちの u-部分についての推論を，攪乱母数 z があるときの統計的推論という．

$(n, m+k)$-曲指数分布族 $M = \{q(x, w)\}$, $w = (w^1, \cdots, w^{m+k})$ において，w の m 個の関数 $f_i(w); i = 1, \cdots, m$ の値について推論する場合がある．このときには w の代りに新しい母数として，まず

$$u^i = f_i(w); i = 1, \cdots, m$$

とし，残りの z は勝手に選べば上記の (u, z)-母数を得る．

母数 $u = c($一定$)$ は，M の k 次元部分多様体

$$Z(c) = \{(u, z) \in M \mid u = c\}$$

を定める．構造母数 u の値を推定することは，真の母数 (u, z) を含む部分多様体 $Z(u)$ を推定することである．また $u = u_0$ を検定することは，部分多様体 $Z(u_0)$ が真の母数 (u, z) を含むかどうかを検定することである．それらの場合，$Z(u)$ 内における母数の位置は推定，検定の対象外である（図 45）．

以下，構造母数 $u = (u^a); a = 1, \cdots, m$ に関する量は添字 a, b, c などを用い，攪乱母数 $z = (z^p); p = m+1, \cdots, m+k$ に関する量は添字 p, q, r などを用いる．

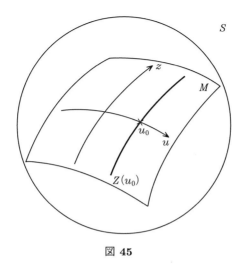

図 45

5.2 推定の漸近理論

$\hat{u} = \hat{u}(\bar{x})$ を構造母数 u のある推定量とする．付随する補助族 $A = \{A(u)\}$ において

$$A(u) = \hat{u}^{-1}(u) = \{\eta \mid \hat{u}(\eta) = u\}$$

は，構造母数 u に取り付けられた $(n-m)$-次元部分多様体である．

(u, z) を真の母数とするとき

$$\bar{x} \to \eta(u, z), \quad N \to \infty$$

より，$\hat{u}$ が一致推定量であるためには，$Z(u)$ が $A(u)$ に含まれること，$Z(u) \subset A(u)$ が必要かつ十分である（図 46）．

次に，各 $A(u)$ 内に座標系 $v = (v^\kappa); \kappa = m+k+1, \cdots, n$ を (z, v) が $A(u)$ の座標系であり，$Z(u)$ 上で $v = 0$ であるように導入する．この結果 $\eta = \eta(u, z, v)$ と表され，推定量に付随する 3 つ組 (u, z, v) が，M の近傍における S の新しい局所座標系となる．

点 $(u, z) \in M$ における S の接空間 $T_{(u,z)}(S)$ は，3 種類の自然基底 $\{\partial_a, \partial_p, \partial_\kappa\}$ で張られる．

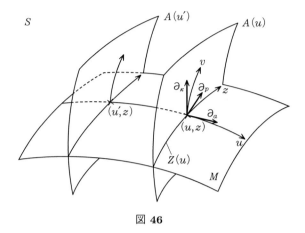

図 46

$$\partial_a = B_a^i \partial_i; \quad a = 1, \cdots, m$$
$$\partial_p = B_p^i \partial_i; \quad p = m+1, \cdots, m+k$$
$$\partial_\kappa = B_\kappa^i \partial_i; \quad \kappa = m+k+1, \cdots, n$$

このうち $\{\partial_p, \partial_\kappa\}$ は接空間 $T_{(u,z)}(A)$ を張り，$\{\partial_a, \partial_p\}$ は接空間 $T_{(u,z)}(M)$ を張る．

後で示すように，u の推定量は付随する $A(u)$ が M と直交するときに限り 1 次有効である．このときには v-座標系を

$$g_{a\kappa} = \langle \partial_a, \partial_\kappa \rangle = 0$$
$$g_{p\kappa} = \langle \partial_p, \partial_\kappa \rangle = 0$$

となるように選べる．

∂_a, ∂_p 間の内積は，M の Fisher 情報行列

$$\begin{bmatrix} g_{ab} & g_{aq} \\ g_{pb} & g_{pq} \end{bmatrix}$$

を構成する．一般に $g_{ap} = \langle \partial_a, \partial_p \rangle \neq 0$ であるが

$$\bar{\partial}_a = \partial_a - g_{ap} g^{pq} \partial_q \tag{139}$$

とおくと $\langle \bar{\partial}_a, \partial_p \rangle = 0$ となり，$\bar{\partial}_a$ は $Z(u)$ に直交する接ベクトルである（図 47）．$\bar{\partial}_a, \bar{\partial}_b$ 間の内積

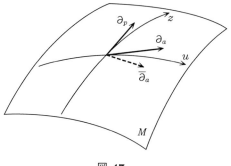

図 47

$$\bar{g}_{ab} = \langle \bar{\partial}_a, \bar{\partial}_b \rangle$$
$$= g_{ab} - g_{ap} g_{bq} g^{pq} \tag{140}$$

からなる行列 $[\bar{g}_{ab}]$ を，直交化 Fisher 情報行列という．

$$\bar{g}_{ab} \leq g_{ab}, \quad \bar{g}^{ab} \geq g^{ab}$$

であり，等号成立は $g_{ap}=0$ のときに限る．

$\bar{\partial}_a, \bar{g}_{ab}$ は，攪乱母数の変換

$$z \longmapsto z' = h(u, z)$$

に関して不変である．つまり，攪乱母数がある場合には ∂_a, g_{ab} ではなく $\bar{\partial}_a, \bar{g}_{ab}$ が，それぞれ構造母数 u の有効スコア，Fisher 情報量という意味をもっている．

同一分布 $q(x,u,z) \in M$ に従う N 個の互いに独立な観測値が与えられたとき，観測点 $\hat{\eta}=\bar{x}$ は補助族 $A=\{A(u)\}$ に付随する座標系により

$$\bar{x} = \eta(\hat{u}, \hat{z}, \hat{v})$$

と，3つの統計量 $(\hat{u}, \hat{z}, \hat{v})$ に分解される．(u, z) が真の母数のとき

$$\tilde{u} = \sqrt{N}(\hat{u} - u), \quad \tilde{z} = \sqrt{N}(\hat{z} - z), \quad \tilde{v} = \sqrt{N}\hat{v}$$

とおけば，これらをバイアス補正した $(\tilde{u}^*, \tilde{z}^*, \tilde{v}^*)$ の同時分布は，式(52)と同様にして得られる．

1次の段階では $\tilde{w}=(\tilde{u},\tilde{z},\tilde{v})$ は正規分布に従い，その共分散行列は $g_{\alpha\beta}$ の逆行列 $g^{\alpha\beta}$，ここで添字 α, β は3つ組 (a, p, κ) を表す．したがって $(\tilde{u}, \tilde{z})$ の共分散行列は，$A(u)$ が M に直交するとき最小となる．このとき $g_{a\kappa}=g_{p\kappa}=0$ となるように座標系 (v^κ) を選べば，$\bar{g}^{ab}$ は $g^{\alpha\beta}$ の (a, b) 成分となる．

以上をまとめて,次の定理を得る.

定理 21 構造母数 u の推定量は,$A(u) \supset Z(u)$ のときに限り一致推定量である.一致推定量が 1 次有効となるのは,$A(u)$ が M と直交するときであり,このときに限る.その共分散行列は,直交化 Fisher 情報行列 $\bar{g}_{ab}$ の逆行列 $\bar{g}^{ab}$ で与えられる. ∎

u の最尤推定量は $(\hat{u}, \hat{z})$ に関する同時尤度方程式
$$\partial_a l(\bar{x}, \hat{u}, \hat{z}) = 0, \quad \partial_p l(\bar{x}, \hat{u}, \hat{z}) = 0$$
の解 $(\hat{u}, \hat{z})$ の $\hat{u}$-部分として得られる.付随する $A(u)$ は M に直交しているから,最尤推定量は 1 次有効である.

2 次,3 次の有効性に関する結果を示す.

定理 22 構造母数 u のバイアス補正した 1 次有効推定量 $\tilde{u}^*$ の平均 2 乗誤差は
$$\begin{aligned}E[\tilde{u}^{*a}\tilde{u}^{*b}] &= \bar{g}^{ab} + \frac{1}{2N}\{(\Gamma^m)^{2ab} \\ &\quad + 2(H^e_{U,Z})^{2ab} + 2(H^e_{U,Z,V})^{2ab} + 2(H^e_{U,V})^{2ab} \\ &\quad + (H^m_Z)^{2ab} + (H^m_A)^{2ab}\} + O(N^{-3/2}) \end{aligned} \quad (141)$$

1 次有効推定量は同時に 2 次有効である.それが 3 次有効となるのは,付随する $A(u)$ の m-曲率 $H^m_A(u) = 0$ のときであり,このときに限る.バイアス補正した最尤推定量は 3 次有効である. ∎

定理に現われる諸曲率について.
$H^e_{U,Z}$ は,$\{\bar{\partial}_a\}$ の M における $\{\bar{\partial}_b\}$ 方向の変化率を表す e-曲率(図 48).
$H^e_{U,Z,V}$ は,$\{\bar{\partial}_a\}$ の S における $\{\partial_p\}$ 方向の変化率を表す e-曲率(図 49).
$H^e_{U,V}$ は,$\{\bar{\partial}_a\}$ の S における $\{\bar{\partial}_b\}$ 方向の変化率を表す e-曲率(図 50).
H^m_Z は,$\{\partial_p\}$ の M における $\{\partial_q\}$ 方向の変化率を表す m-曲率(図 51).

例 10 正規モデル $\{N(\mu, \sigma^2)\}$.
(i) $\quad \eta_1 = \mu = z$(攪乱母数)
$\qquad \eta_2 = \mu^2 + \sigma^2 = u$(構造母数)
とする.例 4 で与えたように,(u, z)-座標系での Fisher 情報行列は

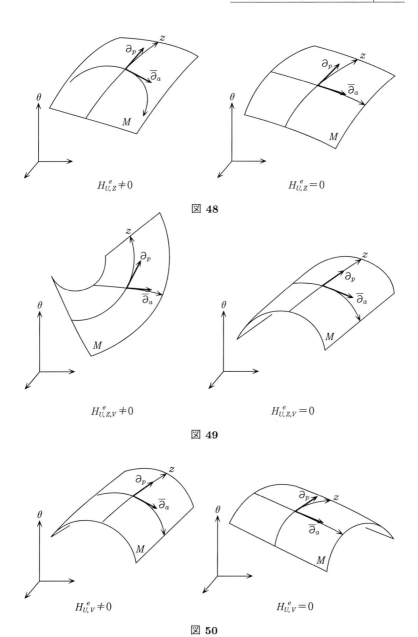

図 48

図 49

図 50

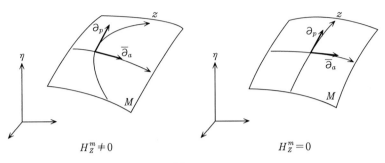

図 51

$$\begin{bmatrix} g_{ab} & g_{aq} \\ g_{pb} & g_{pq} \end{bmatrix} = \frac{1}{(u-z^2)^2} \begin{bmatrix} \dfrac{1}{2} & -z \\ -z & u+z^2 \end{bmatrix}$$

直交化 Fisher 情報量は

$$\bar{g}_{ab} = g_{ab} - g_{ap}g_{bq}g^{pq}$$
$$= \frac{1}{2(u^2 - z^4)} = \frac{1}{2\sigma^2(2\mu^2 + \sigma^2)}$$

ゆえに

$$\bar{g}^{ab} = 4\mu^2\sigma^2 + 2\sigma^4 > 2\sigma^4 = g^{ab} \quad (\text{図 52})$$

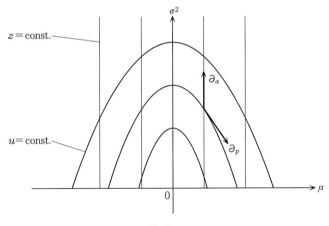

図 52

また定理 22 における諸量は，

$$\Gamma^m,\ H^e_{U,Z},\ H^e_{U,Z,V},\ H^e_{U,V},\ H^m_Z,\ H^m_A\ \text{すべて}\ 0$$

（ii）　$\mu = z$（攪乱母数）

　　　$\sigma^2 = u$（構造母数）

とする．例 1 で与えたように，(u,z)-座標系での Fisher 情報行列は

$$\begin{bmatrix} g_{ab} & g_{aq} \\ g_{pb} & g_{pq} \end{bmatrix} = \begin{bmatrix} \dfrac{1}{2u^2} & 0 \\ 0 & \dfrac{1}{u} \end{bmatrix}$$

(u,z) は直交座標系だから

$$\bar{g}_{ab} = g_{ab} = \frac{1}{2u^2} = \frac{1}{2\sigma^4}$$

また定理 22 における諸量は，

$$\Gamma^m,\ H^e_{U,Z},\ H^e_{U,Z,V},\ H^e_{U,V},\ H^m_A\ \text{すべて}\ 0$$

$$\theta^1 = \frac{z}{u},\quad \theta^2 = -\frac{1}{2u}$$

$$\eta_1 = z,\quad \eta_2 = z^2 + u$$

より

$$H^{(m)}_{pqa} = \partial_p B_{qi} B^i_a = \frac{1}{u^2} \tag{142}$$

よって

$$(H^m_Z)^{2ab} = \left(\frac{1}{u^2}\right)^2 \cdot u^2 \cdot (2u^2)^2 = 4u^2 \qquad（図 53）$$

5.3　相似検定の漸近理論

$(n, m+k)$-曲指数分布族 $M = \{q(x,u,z)\}$ において，帰無仮説点の集合 D が

$$D = \{(u,z)\,|\,u = u_0\}$$

という M の k 次元部分多様体である場合に仮説検定

$$H_0 : u = u_0,\quad H_1 : u \neq u_0$$

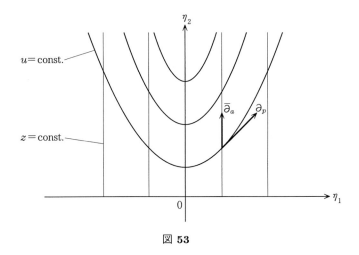

図 53

を考える.残りの母数 $z=(z^p); p=m+1,\cdots,m+k$ が攪乱母数である.

M 上の点 $(u_{t,e}, z)$ を
$$u_{t,e} = u_0 + teN^{-1/2}, \quad \bar{g}_{ab}(u_0,z)e^a e^b = 1$$
として定義する.

$(u_{t,e}, z)$ は,D 上の点 (u_0, z) から D に直交する方向 e に測地的距離 $t/\sqrt{N}$ だけ離れた点である(図 54).

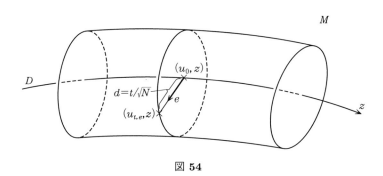

図 54

検出力の評価には方向 e に関して平均化した
$$P_T(t,z) = \langle P_T(u_{t,e}, z) \rangle_e$$

を用いる．これは t と z の関数である．検定 T は，z の値に依らず
$$P_T(0, z) = \alpha + O(N^{-i/2})$$
$$\partial_a P_T(0, z) = O(N^{-i/2}), \quad i = 1, 2, 3$$
を満たすとき，i 次相似検定という．

ある検定 T が与えられたとき，付随する補助族 $A = \{A(u, z)\}$ が構成され，これを用いて観測点 $\hat{\eta} = \bar{x}$ は
$$\bar{x} = \eta(\hat{u}, \hat{z}, \hat{v})$$
を通じて3つの統計量 $(\hat{u}, \hat{z}, \hat{v})$ に分解される（図55）．以下の手順は第4章の単純仮説の場合とほぼ同じであり，結果を示す．

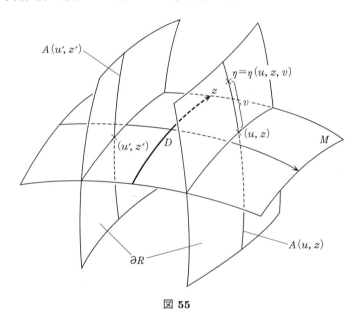

図 55

定理 23 検定 T が1次一様有効となるのは，付随する補助族が M と漸近値直交するときであり，このときに限る．そして $\hat{z}$ を攪乱母数 z の最尤推定量とするとき，M 上の最適な受容域
$$\bar{g}_{ab}(u_0, \hat{z})\tilde{u}_0^a \tilde{u}_0^b \leq \chi^2_{m, \alpha} \tag{143}$$
は1次相似検定を与える．

検定に対応する領域推定の結果は，次の通りである．

定理 24 構造母数 $u = (u^a)$ の 1 次一様有効な領域推定の信頼領域は，$(\hat{u}, \hat{z})$ を (u, z) の最尤推定量として

$$\bar{g}_{ab}(\hat{u}, \hat{z})(u^a - \hat{u}^a)(u^b - \hat{u}^b) \leq \chi^2_{m,\alpha}/N \tag{144}$$

で与えられる．これは 1 次相似な信頼領域である．

ただし，$\bar{g}_{ab}$ が退化する場合には注意を要する．

例 11 $x_{11}, \cdots, x_{1N_1}$ は互いに独立に正規分布 $N(\mu_1, \sigma_1^2)$ に従い，$x_{21}, \cdots, x_{2N_2}$ は互いに独立に正規分布 $N(\mu_2, \sigma_2^2)$ に従うものとする．σ_1^2, σ_2^2 は既知として，平均の比 μ_2/μ_1 の検定，区間推定を考える．

$$u = \mu_2/\mu_1 \quad (\text{構造母数})$$
$$z = \mu_1 \quad (\text{攪乱母数})$$

とおけば，仮説検定は

$$H_0 : u = u_0, \quad H_1 : u \neq u_0$$

となる．

$$x_1 = (x_{11}, \cdots, x_{1N_1}), \quad x_2 = (x_{21}, \cdots, x_{2N_2})$$
$$\bar{x}_i = \frac{1}{N_i} \sum_{j=1}^{N_i} x_{ij}; \quad i = 1, 2$$
$$l = \log q(x_1, x_2; u, z)$$

として

$$\partial_a l = z \partial_{\mu_2} l = z \frac{N_2}{\sigma_2^2}(\bar{x}_2 - \mu_2)$$
$$\partial_p l = \partial_{\mu_1} l + u \partial_{\mu_2} l$$
$$= \frac{N_1}{\sigma_1^2}(\bar{x}_1 - \mu_1) + u \frac{N_2}{\sigma_2^2}(\bar{x}_2 - \mu_2)$$

より

$$g_{ab} = z^2 \frac{N_2}{\sigma_2^2}, \quad g_{ap} = uz \frac{N_2}{\sigma_2^2}$$
$$g_{pq} = \frac{N_1}{\sigma_1^2} + u^2 \frac{N_2}{\sigma_2^2}$$

よって

$$\bar{g}_{ab} = g_{ab} - g_{ap}g_{bq}g^{pq}$$
$$= \frac{z^2}{u^2\dfrac{\sigma_1^2}{N_1} + \dfrac{\sigma_2^2}{N_2}} \qquad (145)$$

また，(u, z) の最尤推定量は

$$\hat{u} = \frac{\bar{x}_2}{\bar{x}_1}, \quad \hat{z} = \bar{x}_1$$

したがって，式(143)より

$$\frac{\bar{x}_1^2}{u_0^2\dfrac{\sigma_1^2}{N_1} + \dfrac{\sigma_2^2}{N_2}}\left(\frac{\bar{x}_2}{\bar{x}_1} - u_0\right)^2 \leq u_2^2(\alpha)$$

つまり

$$(\bar{x}_2 - u_0\bar{x}_1)^2 \leq u_2^2(\alpha)\left(u_0^2\frac{\sigma_1^2}{N_1} + \frac{\sigma_2^2}{N_2}\right) \qquad (146)$$

これは，正確に相似な検定の受容域になっている．

対応する u の信頼区間は，式(144)より

$$\frac{\bar{x}_1^2}{\left(\dfrac{\bar{x}_2}{\bar{x}_1}\right)^2\dfrac{\sigma_1^2}{N_1} + \dfrac{\sigma_2^2}{N_2}}\left(u - \frac{\bar{x}_2}{\bar{x}_1}\right)^2 \leq u_2^2(\alpha)$$

つまり

$$u_- \leq u \leq u_+$$

$$u_\pm = \frac{\bar{x}_2}{\bar{x}_1} \pm u_2(\alpha)\frac{\sqrt{\dfrac{\sigma_1^2\bar{x}_2^2}{N_1} + \dfrac{\sigma_2^2\bar{x}_1^2}{N_2}}}{\bar{x}_1^2} \qquad (147)$$

ところで，M の座標変換

$$(\mu_1, \mu_2) \longmapsto (u, z)$$

は $\mu_1 = 0$ で正則でなく，そこでは式(145)より

$$\bar{g}_{ab} = 0$$

となる．正確に相似な信頼区間は，式(146)の u_0 を u として変形した2次不等式

$$\left(\bar{x}_1^2 - \frac{u_2^2(\alpha)\sigma_1^2}{N_1}\right)u^2 - 2\bar{x}_1\bar{x}_2 u + \left(\bar{x}_2^2 - \frac{u_2^2(\alpha)\sigma_2^2}{N_2}\right) \leq 0 \quad (148)$$

の解として得られる．これは，$\bar{x}_1, \bar{x}_2$ の値によって

- 閉区間　$A \leq u \leq B$
- 開区間　$u \leq A, \quad u \geq B$
- 全区間

の場合がある．この例ではデータの情報を忠実に表現するものとして，式(148)の結果を採用すればよい．

一般に，正確な相似検定(区間推定)が存在せず $\bar{g}_{ab}$ が退化している場合には，大標本では式(144)を用いればよい．しかし，高次の結果は小標本の状況を反映しているわけではないので，使わないほうがよい．

検定の3次の評価に関しては，まず $m=1$ の場合に攪乱母数が3次検出力に与える影響について示す．

定理25 未知の攪乱母数による3次の検出力損失関数は

$$\Delta P_T(t,z) = \frac{1}{2}\xi_i(t,\alpha)\{(H_Z^m)^2 + 2(H_{U,Z,V}^e)^2 + 2(H_{U,Z}^e)^2\} \quad (149)$$

ここで $\xi_i(t,\alpha)\,(i=1,2)$ は定理10で，各曲率は定理22で与えたものである．

例10(i)では $H_Z^m, H_{U,Z,V}^e, H_{U,Z}^e = 0$ だから，攪乱母数による3次の検出力損失はない．

例10(ii)では $H_{U,Z,V}^e, H_{U,Z}^e = 0$，式(142)より

$$(H_Z^m)^2 = \left(\frac{1}{u^2}\right)^2 \cdot u^2 \cdot 2u^2 = 2$$

だから，攪乱母数による一定の3次検出力損失がある．

次に，3次相似な検定の受容域に関する結果を示す．これは，式(138)に半径の補正項が加わった形で与えられる．

定理26 $\hat{z}^*$ を攪乱母数 z のバイアス補正した最尤推定量とする．このとき，3次相似な検定の M 上の受容域 $\bar{R}_M$ は

$$\bar{R}_M = \{\tilde{u}_0^* \mid \bar{g}_{ab}(u_0, \hat{z}^*)(\tilde{u}_0^{*a} - \delta^a)(\tilde{u}_0^{*b} - \delta^b) \leq (c_0 + \varepsilon + \zeta)^2\} \quad (150)$$

ここで，

- $\delta^a = \delta^a(u_0, \hat{z}^*)$ は $O(N^{-1/2})$ で,検定方式に依らず,
- $\varepsilon = \varepsilon(u_0, \hat{z}^*)$ は $O(N^{-1})$ で,$Q_{ab\kappa}, (H_A^m)^2$ を通して検定方式に依存する.
- $\zeta = \zeta(u_0, \hat{z}^*)$ は $O(N^{-1})$ で,検定方式に依らず,

$$\zeta = \frac{c_0}{2Nm}\left\{\frac{1}{4}\partial_r\partial_s\bar{g}_{ab}\bar{g}^{ab}g^{rs}\right.$$
$$\left.+\frac{3}{8}\left(\frac{c_0^2}{m+2}-1\right)\partial_r\bar{g}_{ab}\partial_s\bar{g}_{cd}\bar{g}^{(ab}\bar{g}^{cd)}g^{rs}\right\}$$
$$c_0^2 = \chi_{m,\alpha}^2 \tag{151}$$

例 12 $x_{11}, \cdots, x_{1N_1}$ は互いに独立に正規分布 $N(\mu_1, \sigma_1^2)$ に従い,$\cdots$,$x_{k1}, \cdots, x_{kN_k}$ は互いに独立に正規分布 $N(\mu_k, \sigma_k^2)$ に従うものとする.$\sigma_1^2, \cdots, \sigma_k^2$ は未知として,平均の一様性

$$\mu_1 = \mu_2 = \cdots = \mu_k$$

を検定する.この場合,十分統計量からどのような検定統計量を作っても正確な相似検定にはならないことが知られている.

構造母数 $u = (u^1, \cdots, u^{k-1})$ を

$$u^1 = \mu_1 - \mu_k, \cdots, u^{k-1} = \mu_{k-1} - \mu_k$$

攪乱母数 $z = (z^k, z^{k+1}, \cdots, z^{2k})$ を

$$z^k = \mu_k, \, z^{k+1} = \sigma_1^2, \cdots, z^{2k} = \sigma_k^2$$

とすれば

$$H_0: u = 0, \quad H_1: u \neq 0$$

の検定となる.

$$x_i = (x_{i1}, \cdots, x_{iN_i}), \quad \bar{x}_i = \frac{1}{N_i}\sum_{j=1}^{N_i} x_{ij}; i = 1, \cdots, k$$

$$l(x_1, \cdots, x_k; u, z) = \log q(x_1, \cdots, x_k; u, z)$$

として

$$\partial_a l = \partial_{\mu_a} l = \frac{N_a}{\sigma_a^2}(\bar{x}_a - \mu_a); a = 1, \cdots, k-1$$
$$\partial_k l = \sum_{i=1}^k \partial_{\mu_i} l = \sum_{i=1}^k \frac{N_i}{\sigma_i^2}(\bar{x}_i - \mu_i)$$

より

$$g_{ab} = \delta_{ab}\frac{N_a}{\sigma_a^2}, \quad g_{ak} = \frac{N_a}{\sigma_a^2}, \quad g_{kk} = \sum_{i=1}^{k}\frac{N_i}{\sigma_i^2}$$

よって直交化 Fisher 情報行列は

$$\bar{g}_{ab} = g_{ab} - g_{ak}g_{bk}/g_{kk}$$

$$= \frac{N_a}{\sigma_a^2}\left(\delta_{ab} - \frac{\dfrac{N_b}{\sigma_b^2}}{\displaystyle\sum_{i=1}^{k}\dfrac{N_i}{\sigma_i^2}}\right) \quad (152)$$

を成分とする行列である.また

$$g^{k+i,k+i} = \frac{2\sigma_i^4}{N_i}, \quad i = 1,\cdots,k \quad (153)$$

式(152),(153)より定義(151)は,$m = k-1$ として

$$\zeta = \frac{c_0}{8(k-1)}\left(\frac{3c_0^2}{k+1}+1\right)\sum_{i=1}^{k}\frac{1}{N_i}\left(1 - \frac{\dfrac{N_i}{\sigma_i^2}}{\displaystyle\sum_{j=1}^{k}\dfrac{N_j}{\sigma_j^2}}\right)^2 \quad (154)$$

と計算される.この例では $\delta, \varepsilon = 0$ である.

したがって

$$\hat{z}^{*k+i} = \hat{\sigma}_i^2 = \frac{1}{N_i - 1}\sum_{j=1}^{N_i}(x_{ij} - \bar{x}_i)^2$$

$$(\sigma_i^2 \text{ の不偏推定量}); i = 1,\cdots,k$$

$$\hat{u}^a = \bar{x}_a - \bar{x}_k\,;\, a = 1,\cdots,k-1$$

として,受容域

$$\bar{g}_{ab}(\hat{\sigma}_i^2)\hat{u}^a\hat{u}^b \leq \{c_0 + \zeta(\hat{\sigma}_i^2)\}^2$$

$$c_0^2 = \chi_{k-1,\alpha}^2 \quad (155)$$

は,$N_1,\cdots,N_k \to \infty$ のとき

$$\frac{N_i}{N_j} < \infty\,;\, \forall i,j = 1,\cdots,k$$

であれば各 $N_i\,(i=1,\cdots,k)$ について 3 次相似な検定を与える.

検定に対応した 3 次相似な信頼領域は

$$\bar{g}_{ab}(\hat{\sigma}_i^2)(u^a - \hat{u}^a)(u^b - \hat{u}^b) \leq \{c_0 + \zeta(\hat{\sigma}_i^2)\}^2 \qquad (156)$$

謝　辞

　本稿には甘利俊一先生から序文ともいえる文章(補論)を，竹内啓先生から多くの貴重な助言を頂きました．また岩波書店の編集部は，筆者を絶えず暖かく励ましてくださいました．ここに深く感謝致します．

補論
統計学の拡がりと情報幾何
外野から見た統計科学

甘利俊一

1 統計学の始まり

統計学はデータを扱う科学である．昔から，国家や部族は，構成人数，収穫量，貿易額，税収などについてのデータを収集し，その概要をまとめる必要を感じた．こうしたデータを扱う国勢学の中から，分布，その代表値など，データを解析する学問が育っていったのであろう．イギリスの王立統計学会の設立は170年ほど前のことである．国際統計協会には，初期の会員として，看護学のナイチンゲール女史の名前があるのも興味深い．これからもわかるように，統計学は古い起源を持つ．

本稿は，外から見た統計学である．専門家の細かい目からみれば誤解だらけであろう勝手な見解を，門外漢がのべることをお許しいただきたい．さて，統計学に大きな革命を巻き起こしたのは R. A. Fisher であるという．20世紀のはじめに，Fisher はデータにもとづく科学的推論の基礎を築いた．彼は，データを隠れた確率分布から生成されたサンプルであると考え，データの解析を通じてその背後にある確率分布に迫ろうとした．こうして，データを観察しまとめるだけの科学から脱皮し，統計学はデータの背後にある確率分布に基礎を置き，データ生成の奥に潜む構造を推論する科学になったのである．

2 推定論

典型的な推論の枠組みとして，推定と検定があげられる．推定論では，未知のパラメータを含む確率分布の族をまず想定する．データはこの分布族のどれか1つから無作為にえらばれた標本であるとして，真の分布，すなわちそのパラメータを推定する．推定量はデータの関数である．このとき，どのような推定量を用いるのが良いのか，また推定の精度がどこまで良くできるのか，などが問題になる．ここで Fisher の情報量（情報行列）が登場し，Cramér–Rao の定理が推定精度の限界を定める．

Fisher は，データの尤度，つまりこのデータを生成する確率を未知パラ

メータの関数としてみたものを最大にする，最尤推定量が一番良いのではないかと考えた．また，尤度がすべての情報を担っており，統計的推論は尤度関数に基づいて行われるべきであるという信念を抱いた．この信念を尤度原理という．

残念なことに，"一番良い推定量"というものは，普遍的に存在するわけではない．最尤推定量がうまくない例はいろいろに作れる．しかし，正則条件の下で，観測するデータの数が多いとき，すなわち漸近的な状況では尤度原理が成立し，最尤推定量よりも良いものは存在しない（同程度に良いものは他にも存在する）．さらに，高次の漸近理論を調べると，やはり最尤推定量がよい．この他にも，補助統計量(ancillary statistics)およびそれを用いた条件付推論が良いとする信念があり，これを条件付推論原理という．

最尤推定量は何故良いのか．また，尤度原理や条件付推論原理はなぜ正当化できるのか．こうした問題は，統計学の枠内で議論できる．しかし，その本質を突き止めるには，伝統的な統計学の枠を外れ，見方を変えると良い．このために推論の舞台となる確率分布の族の基本的な構造を調べたい．このとき，分布の族はパラメータを座標とする空間（多様体）をなすから，分布の空間の幾何学的な構造を調べるのが良い．これが情報幾何であるが，その話はしばらく置こう．

3 検定論

検定は統計学のもう1つの柱である．いま，確率分布に関して2つの仮説 H_0 と H_1 とを考える．一番単純な場合，p_0, p_1 を定められた特定の確率分布として，H_0 はデータを発生する分布 p が $p = p_0$ であるとする．H_1 は $p = p_1$ であるとする．ここで，観測されたデータをもとに，データは H_0 の分布から出たというわけにはいかないということを検証したい．このとき，H_0 を帰無仮説と呼び，これに対して参考とする仮説 H_1 を対立仮説という．このように，仮説がただ1つの分布からなる場合，これを単純仮説という．これにたいして，仮説 H が多数の分布を含む場合を複合仮説という．

帰無仮説，対立仮説ともに単純仮説の場合を考えよう．検定は，データ

からどちらの仮説がより合うかを決めるものではない．どちらかを決めるのはパターン認識(識別)の問題であり，識別関数を使う．仮説検定はあくまで H_0 と思って良いか，そうでないかを判定する．このため，仮説 H_0 が本当であるのに，誤ってこれを棄却してしまう確率を第 1 種の誤り確率と呼び，仮説 H_1 が本当であるのに，これを棄却できないとする確率を第 2 種の誤り確率と呼んで，この 2 つの誤りの基準を用意する．第 1 種の誤り確率を一定の水準に抑えた上で，第 2 種の誤り確率をなるべく小さくしたい．

単純仮説の場合，Neyman–Pearson の基本補題によって，データ $x_1, \cdots, x_n$ をもとにこれを発生する尤度の比

$$\lambda = 2 \sum_t \log \frac{p_0(x_t)}{p_1(x_t)} \tag{1}$$

を用いて，この値がいくつであるかによって，仮説 H_0 を棄却するかしないかを決めるのが良いことがわかっている．これが尤度比検定である．

ところで，仮説検定の論理は，H_0 と H_1 について対称ではない．H_0 が棄却されたとしても，H_1 が正しいことを確認したことにはならない．また，H_0 が棄却できないときにも，だからといってこれが正しいことを確認したわけでもない．単にだめというには根拠が薄弱だというだけなのである．

なんでこんなややこしい論理を用いるのであろうか．もちろん，新しい薬品が出た場合にこれが効くという仮説をたてて，効かないという仮設に対してこれが棄却できなければ，なるほど認可すれば良い．また，二組のデータが同じ仕組みで(同じ確率分布から)発生したかどうかを検定して，この仮説が棄却できれば，やっぱり発生の条件が何か違うのだといえるだろう．だから，何かの根拠で結論を出す必要があるときに，仮説検定の枠組みを用いることは，その論拠を示すために良いことなのかもしれない．

しかし，結論を急ぐ前に，仮説 H_0 や対立仮説 H_1 のもとでこのようなデータが発生する確率をしっかりと計算して，その上でどういう結論を出すのか，もっと事態を良く見極めた推論をしたほうが良いのではなかろうか．今は，この方向に一歩近づき，こうした確率を p 値と呼んで推論の助けにしている．なぜ始めからこうならずに，検定という独特の文化が栄えたのかといえば，昔はコンピュータがないから，細かい精密な計算などで

きなかった．このため，うまい変換によって，素性のわかった分布になるように問題を設定し，あとは統計数値表を利用して，何とか結論を得ることが重要であった．こうして，検定という独自の文化が生まれた．それを基に行政の基準が決まったり，学界での議論の標準が決まれば，これはもう一人歩きする．

20年近く前に，検定は教科書からそのうち消え去るとC. R. Raoがいったことがあったが，まだまだ消えていない．検定は使いやすく，それなりに合理的なのである．

検定でも，単純仮説の場合はNeyman–Pearsonの基本補題があるから，簡単である．しかし，たとえば対立仮説が複合仮説であった場合，対立仮説の中のどの分布に対して判別力の強い検定を行うべきかが問題となる．どの仮説に対しても一様に良いものなど，一般には漸近的な場合にすら存在しない．だから検定の論理は輻輳してくる．本書では，この辺の事情を廣津千尋氏が明快に解説している．さらに構造を持った仮説の検定，傾向のある場合，多重比較など，実際にも重要な場合を丁寧に論じている．これは検定の論理に新しい境地を開くものであろう．

一方，公文雅之氏の解説では，確率分布全体の作る空間の構造から説き起こして，検定も推定も漸近的な状況の場合に物事がなぜすっきりと議論できるのか，それを統一的に示す試みが情報幾何の立場からなされている．統計的な漸近理論に関する限り，幾何学は統一的で見通しの良い枠組みを与える．

4　統計科学への発展

統計学の枠組みは，推定と検定だけではない．データを効率的に採取するための実験計画，階層的な標本抽出，品質管理への応用，さらにゲノム解析，進化の系統樹，パターン認識，ニューラルネットワーク，人工知能，制御理論，最適化などへと，場を広げている．また，確率構造も，単純な確率分布だけではなくて，回帰分析，時間構造を持つ時系列，確率場，因果推論など，その拡がりは他の多くの学問領域と交わり，その中での中核

的な方法論を提供している．統計科学という命名もこの中で定着してきた．

統計学の方法ももちろん格段に広がってきた．古典的な統計モデルである，有限個のパラメータで指定される確率分布の族を対象にする古典的な統計モデルから，特定の分布の型を決めないノンパラメトリックな統計モデルを用いた推論，また，分布の形が自由でかつ何個かの注目したいパラメータを含むセミパラメトリックモデル，例外的なデータが混入した場合でも推論の質を保証できるはずれ値の取り扱いを論ずるロバストな手法などがある．また，特定のモデルを想定して推論し，その中の閉じた世界で推論を行うのではなくて，データをリサンプリングによって何度も利用しながら，このデータに関連した分布を多数作り出し，この分布の集団をもとに推論の質を調べる bootstrap などの手法は，コンピュータの強力な援護なしには成立しないものであった．

5　非正則な統計モデル

これまでの中核となる枠組は，分布の滑らかさや Fisher 情報量の存在などの正則条件を課し，その上で Cramér–Rao の定理や尤度比検定などを論ずるものであった．しかし，正則条件をはずしたら何が起こるか，これも興味があるところである．たとえば，データから分布の平均値を推論するとしよう．分布が正規分布であるならば，観測値の算術平均が良い推定値を与える．分布の形がわかっている正則な分布族を想定したときは，漸近的には最尤推定がよい．その精度も Fisher の情報量で与えられる．しかし，分布の形がわからない，もしくは部分的な情報しか与えられていないときには，ノンパラメトリックまたはセミパラメトリックな推論になる．

このとき，確率密度関数が滑らかではなく尖っていたとしよう．滑らかならば，どの程度に良い推論ができ，微分が何回まで可能ならばどこまで良い推論が漸近的にできるかといった，議論が成立する．このためには，解析学の知識が必要になる．こうして，統計学の数学的な基礎はより高度な解析学や確率論と結びついてきている．

分布の形を仮定したモデルでも，古典的な仮定である正則性の成立しな

いものも多数ある．1つは，微分が可能でないたとえば一様分布などを取り扱うときで，このとき Fisher 情報量は無限大に発散する．したがって，古典的な Cramér–Rao の定理を使うわけにはいかない．古典論では推定の誤差は，観測数を n として，これが大きいときは $1/\sqrt{n}$ のオーダーで 0 に近づく．しかし Fisher 情報量が無限大に発散するときは，これよりも速いオーダーで収束する．では何が言えるのか，統一的な議論はこの場合難しい．推論の質に関していろいろな研究がある．

一方，Fisher 情報量が 0 になる場合を含む推論がある．多変数のときは，情報行列が縮退する．昔から良く知られた例は，混合ガウス分布である．このような場合，やはり Cramér–Rao の定理は成立しない．では何がいえるのか，これに関しては神経回路モデルであるパーセプトロンの学習と関連して近年興味ある議論が展開している．

非正則な場合は，中心極限定理が成立せず，推定量の分布は安定分布に収束したりする．こうして，これまでになかった数学の枠組みが方法として必要になってきている．私は Finsler 幾何が有用であると睨んでいるが，この話はおこう．非正則な統計モデルに関して興味のある読者は，本シリーズ 7 巻の『特異モデルの統計学』を参照してほしい．

情報幾何も，統計学に対する新しい見方の1つである．それは，個々の分布族を議論するというよりは，滑らかな分布族が持つ共通の性質を見破り，視点を1つ上において全体を俯瞰しながら，統計の枠組みの議論を進めるものであった．このため，なぜこのような手法が成立するのか，全体の見通しが良くなるのである．

6　Bayes 統計学

Bayes 推論は，統計学のもう一つの枠組みである．ここでは，パラメータ $\boldsymbol{\theta}$ で指定される統計モデルを用い，事前の知識としてパラメータ $\boldsymbol{\theta}$ は確率分布 $\pi(\boldsymbol{\theta})$ に従うものと仮定する．こうすると，観測データが与えられたときに，Bayes の定理によって，データが観測されたという条件の下でのパラメータ $\boldsymbol{\theta}$ の分布，いわゆる事後分布が定まる．これで，データの背後

にある確率分布に関する推論が，事後確率分布という形で与えられる．

　統計的決定理論の枠組みは，この上に決定を加える．すなわち，可能な行動(アクション)の集合を与え，各行動に対する損失を指定する．新しいデータに対してこの決定をほどこすと，損失が決まるが，これは確率変数である．この期待値を危険関数(リスク)と呼び，リスクを最小にするような行動を決定しようとする．この定式化にあたって，危険関数を評価するのに，事後分布が用いられる．

　Bayes 統計は，推論が事前分布に依存するため，いろいろな議論を巻き起こした．事前分布が過去の知識からわかっているときは良いとして，そうでないときに恣意的にこれを用いるとどうなるだろう．どんな結果でも，それを与えるような事前分布を勝手に想定できてしまうから，客観的な推論とはいえないというものである．それよりは，データの持つ情報をそれ自体から取り出す従来の統計学の枠組みの方が客観的であってよいというものである．

　これに対して，Bayes 統計学は反論する．事前分布は，過去の知識から想定できるもので，決して主観的に想定するものではない(過激な議論をするなら，主観的に想定して何が悪い，ということになる)．また，これは決定を行なう実践の科学であって，単にデータを分析して終わりとする古典統計学とは違う．さらに，最尤推定などは，事前分布を一様分布と想定して，事後尤度を最大にするパラメータを選ぶだけであるから，Bayes 推論の特殊な場合に帰着する．Bayes 統計のほうが自由度が多いだけ広い枠組みを与えるというのである．

　過去には，両者の間に不毛なイデオロギー的な対立があって，議論が深まらなかった．しかし，こうした対立は消えたように思える．違いは，強いてあげれば，パラメータを確率変数と見るのか(背後にある確率分布を考える)，それとも，未知ではあるが決まったものと看做すかだけであろう．

　事前分布についても，主観的に決めるのではなくて，ミニマックスの考えに立って，なるべく恣意的な情報を含まないものにしようという考えがある．たとえば Jeffreys prior と呼ばれるものがそれで，Fisher 情報行列の行列式の平方根で与えられる．これは一様分布の拡張であり，じつはリー

マン空間上の一様分布になっていて，情報幾何から自然に出るものである．
　事前分布をあらかじめ仮定するのではなくて，データから推定しようという考えもある．経験 Bayes と呼ばれるもので，通常パラメータの事前確率分布族に，新しいパラメータ（これをハイパーパラメータと呼ぶ）を導入し，これで指定される確率分布を仮定する．この階層的なモデルを用いて Bayes 推論を行う．ハイパーパラメータについては適当な事前分布を仮定し，これをデータから推論し，これによって事前分布が定まるというものである．
　Bayes 推論は，パラメータとデータとを共に確率変数であると想定することで，枠組みを単純にしている．このため，多くの場合きわめて便利に理論を展開できる．もっとも，データ数の多い漸近的な場合には，両者にそう違いがあるわけではない．事前分布が滑らかである限り，事後分布の影響は小さくなり，確率を最大にする Bayes 推定量も最尤推定量も同等で，漸近的にともに最良である．
　最近，パターン認識，ニューラルネット，統計物理，人工知能，バイオインフォーマティクスなどの応用の分野で，Bayes 推論が多用され，これこそが古典統計学に代わる新しい統計学であるという誤解を与えている．しかし，どちらも同じように古いし，包括的に見ればそう違ったものではない．必要に応じて好ましい枠組みと理論を用いればよいだけである．過去にイデオロギー的な対立があったのは，不思議でもありまた不幸なことでもあった．私の目から見ると，この対立は Bayesian を自称する一部の人たちが強力に持ち込んだように見えるが，今はそんなものは解消しているようである．

7　モデル選択

　データが観測されたとして，そのときに想定する統計的なモデルは，データ生成のメカニズムから自然に得られることもあるが，多くの場合恣意的に想定する．このとき，パラメータ数の多いより複雑なモデルと，パラメータ数の少ない簡単なモデルがあるとしよう．どちらを使うかで推論の結果

は違ってくる．古典的な手法では，どちらのモデルが適合するか，検定を行うことになる．しかし，検定の論理は非対称的であり，その上どちらのモデルも棄却されてしまうこともありうる．モデルは便宜的なものとすれば，どちらかに決めなくてはならない．

　これがモデル選択である．複雑なモデルを用いれば，調整できるパラメータの数が多くなり，与えられたデータに対してより精密に合わせることができる．したがって，データは推定された分布に良く合い，尤度は大きくなる．小さいモデルはこの点そうはうまくいかない．しかし，観測されたデータに良く合うからといって，大きなモデルが良いとは限らない．実際に観測されたデータは，背後にある真の分布から生成されたものではあれ，そこには確率的なふらつきがある．大きなモデルは，このふらつきまでも説明しようとする．極端に言えば，パラメータの数を無限個用いれば，どんなデータでもぴったりと説明できてしまう．これが過適合（オーバーフィッティング）と呼ばれる現象である．

　たとえば，これまでに出たデータをもとに，その確率分布を推論して，次に発生するデータを予測したり，そのデータを識別したりするとしよう．この場合，必要なパラメータの値を決めるのに使うものは，過去のデータを基に，パラメータの値をどうすれば尤度が最大になるか，またはデータを説明するための誤差が最小になるかである．しかし実際に要求されるのは，過去のデータの説明ではない．同じ確率分布に基づいてこれから発生するであろうデータを，どう処理したらよいかが問題である．過去のデータに対する誤差を訓練誤差と呼び，未来のデータに対する誤差の期待値を汎化誤差と呼ぶ．

　訓練誤差は，大きいモデルを用いればいくらでも小さくできる．しかし，これは汎化誤差をかえって大きくしてしまう．だから，データ数に見合った適切なサイズのモデルを選ばなければならない．モデル選択に適切な答を与えたのが，赤池弘次の情報量規準（AIC）であった．これは，訓練誤差と汎化誤差の関係を漸近的に明らかにし，大きいモデルにはそれに見合ったペナルティを付け加えることを示したものである．これは統計学に新しい局面を開くものであった．

その後 Bayes の立場からの情報量規準 BIC が提案される．これは，特定の分布に対する推定の良さというよりは，特定のモデル族全体に対する良さを評価することになっているため，考え方が違う．また，近年 Rissanen が提唱した記述長最小規準 MDL も良く用いられる．これらのモデル選択の基準をめぐって，イデオロギー的な論争があるのはいささか気がかりである．それぞれに論点が違うから，どれが良いと一概には言い切れない．それぞれの理論の立脚点と現実の問題とを良く煮詰めて，何を選ぶかを決めるべきなのである．

8　ニューラルネットワークがもたらしたもの

統計学にたいする変革の 1 つは，1980 年代のニューラルネットワークブームがもたらした．ここでは，非線形の動作をする神経回路網なるモデルを用いて，パターン認識や回帰を行う．ニューロンは多変量を扱い非線形な動作をする．これまで，多変量の統計学は，主に正規分布を想定して線形の手法で理論を築いてきた．正規分布ならば，平均と分散共分散で話が決まるから，ベクトルと行列の世界である．ところが，ニューロンモデルは，取り扱いが簡単な非線形の世界を開いたのである．

それに加えて，ニューラルネットワークは学習という推論の手法を提供した．もちろん，これは逐次推定と言い換えることもできる．しかし，学習とそのダイナミックス，訓練誤差と汎化誤差などという新しい概念を基にした世界が現れた．よくみれば，どれも従来の統計学で扱ってよいものだし，そのための道具もそろってはいたはずである．しかし，伝統的な統計学が従来の枠組みに捉われすぎてこうした方向に目を向けなかったのは，問題ではあった．しかし，いまや事情は一新しているように見える．統計科学として，こうしたものをすべて包括する新しい枠組みができつつある．

パターン認識や回帰の問題設定で，近年さらに新しい考えが出てきている（詳しくは本シリーズ 6 巻『パターン認識と学習の統計学』を参照）．1 つはサポートベクトルマシン（SVM）である．パターン x を分類するのに，線形識別は，ベクトル w を用いて内積 $w \cdot x$ により判定を下すものであっ

た．これは，ニューロン1つを用いる判別とも同じである．x を多次元の空間に非線形に写像すれば，パターン x は，高次元の空間中で曲がった低次元の空間の中を分布する．これを線形の超平面で切れば，元の空間で考えれば，非線形の判別になっている．このことは古くからわかっていた．しかし，最近の発展は，高次元の空間を陽には用いず，カーネル関数を用いて学習と判別を行うことにある．また，その理論の基礎には，分布の一様収束にかかわる Vapnik の理論がある．

　色々な方法で得られる推定量をまとめて新しい推定量を作る bagging という手法も面白い．通常は，良い推定量は良くて，悪いものは悪い，これらを混ぜ合わせれば決して良くならないのが常識である．一番良いものを1つ選べばよい．しかし，ニューラルネットワークなど，最小化すべき誤差関数が極小点を多数持ち，それらが接近していると考えられる場合に，手法を変えたりデータの順序を変えたりして推定すると，異なる推定量が多数得られる．これらは極小解であろう．これをうまく混ぜ合わせるともっと良くなることが期待できる．ここからさらに boosting というアイデアが出てくる．これは，学習時にどのデータがよく誤り，どれが判別を定めるのに重要か，そのためにデータの1個1個に重みをつけながら学習させる．誤ったデータの重みを大きくするのである．こうしておいて，最後にこれらの推定量を混合して答えを得るというものである．

　回帰ではデータはガウス過程の一組の見本であるとして，これを推定しようというものもある．この場合など，基礎となる確率過程のパラメータの数はとてつもなく大きくなる．このままでは，過適応が起こり，汎化の能力に乏しい．しかし，答えの滑らかさなどに制約を置き，滑らかでない答えには強いペナルティをかけることにすれば，ほどほどのうまい答えに落ち着く．赤池がこの方面でも先鞭をつけて，ABIC という方法を提唱している．もちろん，これは Bayes の立場で滑らかな答えには高い事前の分布を与えることと同等である．

9　情報幾何学

　統計学のこのような発展は，1つにはコンピュータの発展に支えられて困難な計算が今では可能になったことと，さらに応用の分野が広がって統計の典型的な問題を超えて情報を扱う全分野に確率および統計の考えが浸透したことによる．まさに統計科学として花開いたのである．こうした努力は，統計学を内部から発展させるものである．しかし，統計科学の枠組をもっと外から見たらどうなるのであろう．統計学は確率分布の族に基礎を置く．そこで確率分布の全体，または確率分布の族を全体としてまず眺めるのである．たとえば，正規分布

$$p(x,\mu,\sigma) = \frac{1}{\sqrt{2\pi}\sigma} \exp\left\{-\frac{1}{2\sigma^2}(x-\mu)^2\right\} \qquad (2)$$

を考えてみよう．これは，μ と σ の2つのパラメータで定まるから，正規分布を全部まとめて考えれば，これらは μ と σ を座標系とする2次元の空間をなす．

　ここで止まらずに，この2次元の空間の形態，つまり幾何学を問うのである．これはユークリッド空間であろうか，それとも曲がったリーマン空間になるのであろうか．曲がっているとすれば，その曲率にどのような意味があり，これが統計的推論にどのように関係しているのであろうか．

　こうした疑問は正規分布に限らない．たとえば，0, 1の2値をとる，2つの確率変数 x, y の分布の全体を考えてみよう．分布を $p(x,y)$ とする．これは，$p(0,0), p(0,1), p(1,0), p(1,1)$ の4つの量で決まるが，全確率は1だから，$\sum p(x,y)=1$ で，実質的には3次元の空間である．この空間は4面体で表せる．さて，この4面体の中での幾何学はどのようなものであろうか．たとえば，2つの分布の間の距離はどのように決まるのであろう．また，x と y とが独立であるような分布は，この中で2次元の部分空間をなす．これは，図1のようになる．この部分空間は曲がっているのか，それともまっすぐなのか，それは考え方による．

　こうした確率分布の族のなす空間の幾何学を作る努力は，古くから続け

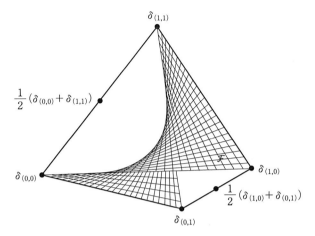

図1 $S=\{p(x,y)\}$ の空間と独立な分布の部分空間 $\mathcal{F}$. コーナー $\delta_{(i,j)}$ は $x=i$, $y=j$ の 1 点に集中した分布であり, $\mathcal{F}=\{p_X(x), p_Y(y)\}$ は独立な分布の全体である.

られてきた. この問題を深く考えたのは C. R. Rao であった. 彼は 1945 年に今日いうところの Cramér–Rao の基本定理を提出したが, その論文の中で確率分布の空間 (パラメータの空間) はリーマン空間であること, Fisher の情報行列がその計量を決めることを明らかにした. これは多くの人の興味を引いたが, その意義が明らかになるにはその後の Chentsov や Efron などの仕事が必要であった. そしてこれはさらに甘利俊一, 公文雅之, 長岡浩司の日本の研究によって, 情報幾何学へと発展していく. 今ではある種の自然な不変性の基準を置くことにより, この空間はリーマン空間であり, そのリーマン計量 (分布間の長さを測る物差し) は一意的に決まること, さらにこれが Fisher 情報行列で与えられることがわかっている.

リーマン空間は, 数学で古くから研究されてきている. しかし, 確率分布族のなす幾何学を論ずるにはこれだけでは不十分であった. 新しいアファイン接続, とくにリーマン計量と組になって双対的な構造をもつ 2 つのアファイン接続という概念の導入が必要であった. これは統計学が幾何学に与えた新しい構造である.

こうして数学を整備し, この立場から統計的な推論を眺めると, 推論の

構造が俯瞰的に良く見えてくる．本書の公文氏の稿は，情報幾何学の立場から推定と検定の理論を統一的に論じたものである．これによって，なぜ漸近理論が分布族の形によらず，共通に論じられるかがはっきりすると思う．

　統計学の漸近理論と言われるものは，観測するデータ数が多いとき，すなわち統計的推論が比較的精密に行われるときの議論である．ここでは，公文氏も指摘するように，統計的モデルすなわち確率分布の作る空間（パラメータの空間）を考えるとき，推論を行う舞台を真の分布の近傍だけに限っても話が済む．空間は曲がっていても，真の点の周りだけを考えるのなら，ここを局所的に線形化して議論をすればよい．これは幾何学の言葉でいえば，接空間という線形空間の話で済むことである．統計的推論の漸近理論では，統計的モデルが何であっても共通の性質がでてくるのはすべて線形空間に帰着できるからである．この視点から統計的推論の理論を書いてみれば，線形代数で話が済み，見通しの効くすっきりした議論ができる．公文氏の第2章は，こうした観点から，指数分布族と曲指数分布族を用いて，統計的推論の本質をわかりやすく説明したものである．

　では，観測データの数がそれほど多くはないときにはどうなるであろうか．統計的推論は真の点の局所近傍だけでなく，もう少し広い範囲を見なければいけない．すると線形近似を越えて，空間の曲がり方，すなわち曲率が問題になってくる．曲率を議論しだすと空間のもっと本質的な構造が問題となる．ここではリーマン的な性質を越えて，確率分布空間の本質を表す新しい幾何学構造が必要になる．これが双対接続空間である．ここから情報幾何学が発展した．情報幾何学は，統計学だけではなくて，制御システムの理論，情報理論，神経回路網，組み合わせ最適化など，多くの分野に広がっている．

　公文氏の稿は，そのうちの最も基本となる部分をわかりやすく解説したもので，氏もその建設に主役として関係した推定と検定，区間推定を扱っている．ここでは，指数分布族に含まれる曲指数分布族における推論を論じた．その理由は，曲指数分布族では十分統計量が存在するために有限次元の空間で話が閉じるからである．これで説明が容易になる．しかし，そうでない一般の統計モデルでも，同じような幾何学的理論が作れることを

指摘しておこう．そして，曲指数分布族で成立する性質はほとんどそのまま一般の場合に（正則条件は必要であるが）成立する．

　数学的には，ファイバーバンドルなどを使うことになるため，いささか高度な概念が必用である．さらに一般的な状況を厳密に考えるとなると，たとえば実軸上の正の確率密度を持つ確率分布 $p(x)$ の全体を扱うことになる．これは無限次元の空間である（関数空間）．この空間の情報幾何学は，数学的には難しいと考えられたが，最近イタリアの数学者 Pistone や Giblisco がこの問題を Orliz 空間の幾何学として解決している．また，駒木氏や江口氏らは，Bayes 推論の情報幾何を展開している．私は神経回路網の情報幾何を展開中であるが，ここでは微分幾何だけではなくて代数的特異点を論ずる代数幾何が必要になってくる．現在，本シリーズでも明らかなように，統計科学は従来の統計学の枠を越えて情報科学の分野へと拡がり，そこでの方法論を与えている．情報幾何もその1つである．

　なお，量子情報にかかわる情報幾何の建設も始まっているが，ここでは述べない．

　情報幾何に関連する文献をいくつか，単行本を中心に最後に並べる．

10　おわりに

　統計学の広がりについて，その専門にどっぷりとつかっているわけではない立場，いわばアマチュアの立場から概括してきた．知識の不足，誤解も多いことをあえて恐れずに述べたのは，アマチュアの見解というのは，専門家にとっても，また新しく勉強をしたいという読者にとっても，息抜きとしてそれなりに参考になると考えたからである．妄言多謝．

参考文献

Rao, C. R. (1945): Information and accuracy attainable in the estimation of statistical parameters. *Bulletin of the Calcutta Mathematical Society*, **37**, 81–91.

この論文は，Rao が 23 歳のころに書いたものであるが，Cramér–Rao の定理がここに厳密な形で提出された．しかし，ここにさらに，統計モデルをなす確率分布族の空間がリーマン空間であることが詳しく論じられている．

Chentsov, N. N. (1972): Statistical Decision Rules and Optimal Inference. Nauka: Moskow (translated into English, American Mathematical Society, 1982).

Rao の話を受けて，ロシアの数学者 Chentsov はさらに統計モデルの空間におけるアファイン接続の問題を考えた．ここで，Rao の導入した Riemann 計量が不変性を満たす唯一のものであることが示された．本書は必ずしも読みやすいものではないが，深い考察がなされている．なお，これは英訳されて英訳版が手に入る．

Efron, B. (1998): Defining the curvature of a statistical problem (with application to second order efficiency). *Annals of Statistics*, **20**, 1189–1242.

統計学の高次の漸近理論として Fisher が考え，しかも遣り残した仕事をめぐって，Efron は曲率が鍵になることに気がついた．しかし，ユークリッド空間における曲率ではない．この論文は微分幾何を直接に使わずにこの問題を考えたが，その後の発展の鍵となった．

Amari, S. (1985): Differential-Geometrical Methods in Statistics. Springer Lecture Notes in Statistics **28**. Springer.

本書は Springer の Lecture Notes の一冊として発行されたが，絶版で手に入らない．甘利，公文，長岡の仕事を基に情報幾何の基礎と，統計学における高次漸近理論を詳細に述べている．

Kumon, M. and Amari, S. (1983): Geometrical theory of higher-order asymptotics of test, interval estimator and conditional inference. *Proceedings of Royal Society*: London, **A387**, 429–458.

本論文は，検定の高次漸近理論を始めて厳密に扱ったもので，微分幾何の方法が統計学に新しい成果をもたらすことを示した．

甘利俊一，長岡浩司(2000)： 情報幾何学の方法．岩波講座 応用数学．岩波書店(Methods of Information Geometry. American Mathematical Society and Oxford University Press, 2000)．

本書は，岩波講座 応用数学の一冊である．情報幾何の入門，およびそれがどのような分野に応用されるかを概観したものである．英訳版はこれを改定し，さらに文献を大量に追加してある．これだけで深く知ることはできないが，その拡がりを知るには良い案内である．

Murrey, M. K. and Rice, J. W. (1993): Differential Geometry and Statistics. Chapman.

本書はオーストラリアの数学者が,情報幾何の数学的な仕組みを,統計学と関連させながらわかりやすくまとめたものである.

Kass, R. E. and Vos, P. (1997): Geometrical Foundations of Asymptotic Inference. John Wiley: New York.

本書はアメリカの統計学者が情報幾何と統計学の漸近理論とをまとめたもので,一般線形モデルの幾何学なども含まれている読みやすい本である.

Pistone, G. and Rogantin, M. P. (1999): The exponential statistical manifold: Mean parameters, orthogonality and space transformation. *Bernoulli*, **5**, 721–760.

本論文は確率密度の全体のなす関数の空間における情報幾何を厳密に扱ったものである.

索　引

1 次一様有効（最強力）　169
2 次一様有効　169
3 次 t-有効　169
3 次局所有効　169
3 次許容的　169
3 次検出力損失関数　170, 174
Bayes 統計学　219
Bonferroni の不等式　75
Cramér-Rao の定理　124
Dunnett 法　96
Edgeworth 展開　145
Einstein の規約　121
EST　163
FDR 法　90
Fisher 情報行列　116, 122
FWER のコントロール　90
Holm の方法　76
ICH E9　82
Intersection-Union test　83
i 次漸近検出力　168
i 次相似検定　205
Jacobi 行列　120, 123
Kropf and Läuter 法　86
LMPT（局所最強力検定）　177
LRT　162
Marcus 法　98
max acc. t 法　67, 68
max t 法　68, 98
MLT　161
m 次元部分モデル　130
NS 同等　81
n 次元指数型分布族　136
n 次元統計モデル　117
PCER コントロール　90

Riemann 距離　125
Riemann 空間　123
Riemann 計量　116, 123
Riemann 測地線　125
Scheffé 法　65, 95
Shaffer の方法　77
Tukey 法　64, 95
Union-Intersection test　83
Wald 検定　161
Williams 法　67

ア　行

一様最強力検定　60
一様最強力不偏検定　61
一様最小分散不偏予測量　34
稲の国際適正試験　102
因子水準　20
ウイシャート行列　102
上側予測限界　43
重み付最小 p 値法　88

カ　行

回帰推定量　14
攪乱母数　196
確率標本　9
確率比例抽出法　11
仮説的な無限母集団　25
片側検定　170
片側信頼区間　182
片側対立仮説　60
観察　6
観測　6
感度試験　83
ガンマ双曲線モデル　164

索引

棄却域　157
技術的実験　18
記述統計学　5
帰無仮説　157
共分散　122, 141
共分散行列　141
局所最強力検定(LMPT)　177
記録　3
区間推定　29
区間予測　34
決定　22
検定　57, 58, 129, 157, 215
検定関数　43
交互作用　20, 100
構造母数　196

サ 行

最強不偏予測域　43
最強力(1次一様有効)　169
最小二乗法　8
差推定量　14
指数型分布族の期待値母数　137
自然基底　121
自然母数　136
下側予測限界　43
実験　17
修正 Williams 法　67
条件付推論原理　215
条件付予測　35
情報幾何学　225
信頼区間　182
水準条件　172
推測統計学　5
推定　214
推定方程式　153
スチューデント化　92
正規円モデル　161
正規モデル　117, 200
接空間　121

漸近 m-平坦　175
漸近直交族　173
センサス　4
層化抽出法　11
相似　38
双対推定量　154
測地的距離　124

タ 行

第1種の過誤の確率　58
第2種の過誤の確率　58
対照　66
多因子実験　20
多重決定方式　61
多様体の接空間　115
単純仮説　157
単純無作為法　11
調査　9
直交補助族　133
点予測問題　34
統計科学　218
統計的決定関数　23
統計的実験　18
統計的予測　33
同時信頼区間　94
動的計画法　46

ナ 行

並べかえ検定　27
ネイマン-ピアソンの基本定理　59
ノンパラメトリック予測問題　34

ハ 行

パラメトリックな予測問題　33
ハンディキャップ方式　81
比推定量　14
非正則な統計モデル　218
標準薬　66
標本抽出　12

非劣性検証方式　81
複合仮説　60, 157
部分実験　20
不偏　159
不偏回帰推定量　15
不偏推定量　13
不遍性条件　172
不偏予測域　43
不偏予測量　34
プラセボ　66
分散　123
分散分析法　20
分析　22
閉手順検定方式　78
変化点仮説　70
母集団　10
母集団枠　10
補助族　160
補助統計量　188
母数の推定問題　37

マ 行

ミニマックス解　48
無作為抽出　9

無作為標本　9
目盛りの調整　8
モデル選択　221

ヤ 行

有意抽出　9
有効スコア　199
尤度原理　215
尤度比検定　162
葉層構造　131
予測　22
予測限界　34
予測誤差分散　34

ラ 行

ランダム化　27
ランダム・サンプル　9
リグレット　48
離散モデル　118
領域推定　29, 129
両側信頼区間　182
両側対立仮説　60
両側不偏検定　170

■岩波オンデマンドブックス■

統計科学のフロンティア 2
統計学の基礎 II──統計学の基礎概念を見直す

	2003年11月27日	第 1 刷発行
	2008年 7月 4日	第 5 刷発行
	2018年 1月11日	オンデマンド版発行

著　者　竹内　啓　広津千尋
　　　　（たけうち　けい）（ひろつ　ちひろ）
　　　　公文雅之　甘利俊一
　　　　（くもんまさゆき）（あまりしゅんいち）

発行者　岡本　厚

発行所　株式会社　岩波書店
　　　　〒101-8002　東京都千代田区一ツ橋 2-5-5
　　　　電話案内　03-5210-4000
　　　　http://www.iwanami.co.jp/

印刷／製本・法令印刷

© Kei Takeuchi, Chihiro Hirotsu,
Masayuki Kumon, Shun-ichi Amari 2018
ISBN 978-4-00-730721-8　　Printed in Japan